· 超级思维训练营系列丛书 ·

破解匪夷所思的谜案

POJIEFEIYISUOSI DE MIAN

谢冰欣 ◎ 编 著

智斗心机狡诈窃贼 ——☆—— 破解惊世诡异谜案

中国出版集团　现代出版社

图书在版编目(CIP)数据

破解匪夷所思的谜案 / 谢冰欣编著. —北京:现代出版社,
2012.12(2021.8 重印)

(超级思维训练营)

ISBN 978 - 7 - 5143 - 0983 - 6

Ⅰ. ①破… Ⅱ. ①谢… Ⅲ. ①思维训练 – 青年读物②思维
训练 – 少年读物 Ⅳ. ①B80 – 49

中国版本图书馆 CIP 数据核字(2012)第 276044 号

作　　者　谢冰欣
责任编辑　刘　刚
出版发行　现代出版社
通讯地址　北京市安定门外安华里 504 号
邮政编码　100011
电　　话　010 – 64267325　64245264(传真)
网　　址　www.xdcbs.com
电子邮箱　xiandai@ cnpitc. com. cn
印　　刷　北京兴星伟业印刷有限公司
开　　本　700mm × 1000mm　1/16
印　　张　10
版　　次　2012 年 12 月第 1 版　2021 年 8 月第 3 次印刷
书　　号　ISBN 978 – 7 – 5143 – 0983 – 6
定　　价　29.80 元

前　言

　　每个孩子的心中都有一座快乐的城堡,每座城堡都需要借助思维来筑造。一套包含多项思维内容的经典图书,无疑是送给孩子最特别的礼物。武装好自己的头脑,穿过一个个巧设的智力暗礁,跨越一个个障碍,在这场思维竞技中,胜利属于思维敏捷的人。

　　思维具有非凡的魔力,只要你学会运用它,你也可以像爱因斯坦一样聪明和有创造力。美国宇航局大门的铭石上写着一句话:"只要你敢想,就能实现。"世界上绝大多数人都拥有一定的创新天赋,但许多人盲从于习惯,盲从于权威,不愿与众不同,不敢标新立异。从本质上来说,思维不是在获得知识和技能之上再单独培养的一种东西,而是与学生学习知识和技能的过程紧密联系并逐步提高的一种能力。古人曾经说过:"授人以鱼,不如授人以渔。"如果每位教师在每一节课上都能把思维训练作为一个过程性的目标去追求,那么,当学生毕业若干年后,他们也许会忘掉曾经学过的某个概念或某个具体问题的解决方法,但是作为过程的思维教学却能使他们牢牢记住如何去思考问题,如何去解决问题。而且更重要的是,学生在解决问题能力上所获得的发展,能帮助他们通过调查,探索而重构出曾经学过的方法,甚至想出新的方法。

　　本丛书介绍的创造性思维与推理故事,以多种形式充分调动读者的思维活性,达到触类旁通、快乐学习的目的。本丛书的阅读对象是广大的中小学教师,兼顾家长和学生。为此,本书在篇章结构的安排上力求体现出科学性和系统性,同时采用一些引人入胜的标题,使读者一看到这样的题目就产生去读、去了解其中思维细节的欲望。在思维故事的讲述时,本丛书也尽量使用浅显、生动的语言,让读者体会到它的重要性、可操作性和实用性;以通俗的语言,生动的故事,为我们深度解读思维训练的细节。最后,衷心希望本丛书能让孩子们在知识的世界里快乐地翱翔,帮助他们健康快乐地成长!

目　录

第一章　无法料到的结局

破解匪夷所思的谜案

第二章　奇思妙想找真相

第三章　别具一格的思考

第四章　想象成就推理细节

破解匪夷所思的谜案

第五章　鲜为人知的勘查

第六章　匪夷所思的判断

第七章 推理出的真相

破解匪夷所思的谜案

第一章 无法料到的结局

冷天的扇子

重庆人胡生利，在外做生意很久没有回家来了。4月的一天，他的妻子一个人在家，晚上被盗贼杀害了。刚好那天晚上下了小雨，人们在泥里捡到了一把扇子，根据扇子上的题词来看，是一个叫王名的人赠送给一个叫李前的人的。

王名不知道是谁，但李前，大家都认识。这个李前平时言谈举止很不庄重，流里流气的样子让大家很鄙视。于是，大家一致认定杀人凶手是李前。当把李前拘捕到公堂上之后，李前不肯认罪。县令认为李前狡诈抵赖，于是进行严刑拷打。重刑之下，李前果然招认了是自己犯罪。

就这样，案子终于可以结了。可有一天，得知此事的县令夫人突然对县令说："你这个案子判错了！"接着，她告诉县令，在这个案子里都有哪些破绽……

县令听后果然心服口服，根据夫人的提醒去找罪犯，果然捉到了真凶。

县令夫人究竟告诉县令在这个案子里有哪些破绽呢？

参考答案

　　胡生利的妻子被杀是在4月份。重庆的4月，夜里下雨，天气一定还是微寒，根本就不需要扇子！哪里有在大冷天里带扇子去杀人的呢？这明显是为了嫁祸于人。但这把扇子一定是与扇子有关的人有关，顺着扇子知情人的思路查下去，凶手即使插翅也难逃了。

老板的智慧

　　有3个小偷联手偷了一颗价值连城的钻石。由于互不信任，经过讨价还价，他们在究竟如何保管赃物上，达成了如下协议："在钻石未兑成现款之前，由 3 个人一起保管，必须三人一致同意才能取出钻石。"

一天，他们来到浴室洗澡，便把装钻石的盒子交给了老板，并要求：必须要在 3 个人同时在场的时候，方可交回盒子。

在洗澡的时候，小偷丙提出向老板借一把梳子，并问小偷甲和乙是否需要，二人都说："需要。"于是丙到老板那里，向老板索取盒子，老板拒绝了。丙向老板解释，是另外二人让他来取的，并大声对甲和乙喊："是你们要我来取的吗？"甲和乙还以为问的是取梳子的事情，就随口答应说："是的。"

老板听后无话可说，只好把盒子交给了小偷丙。于是，丙马上带着盒子逃走了。甲和乙二人等了好久不见丙回来，感到事情不妙，赶忙来到老板处取盒子。这时发现盒子已经被丙骗走了，于是揪住老板要求赔偿。

老板说是已经征得你们二人同意的，而二人则坚持说丙问的是梳子的事情，与盒子无关，并且当时也不是 3 个人同时在场。甲和乙坚决不依不饶，非要老板交回盒子。正僵持不下，老板灵机一动，说出了一句话。二人听了，只好垂头丧气地走了。

当时，老板究究竟说了一句什么话呢？

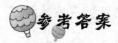

参考答案

被逼无奈的老板当时说："既然这样说，那么盒子就还在我这里，不过要三人同时在场，我才可以交回盒子。好的，你们三人都来吧，只要你们三人同时在场，我就交回你们的盒子。"

彼得之死

星期天的下午，彼得先生被人杀了。警长来到彼得先生的邻居麦克先生家里调查。麦克先生告诉警长发生凶杀的时间时说："我当时和我的女儿听到三声枪响的时间正好是 17 点 6 分。我们马上向窗外看去，看到一个男人溜掉了，就他一个人。"警长检查了现场，发现了一封由彼得先生亲手签名的信，上面提到，有三个男人曾经想谋害他。

这三名嫌疑者之中，阿瑟先生和凯特先生是足球教练，而巴斯特先生是橄榄球教练。

这三名教练的球队，星期天下午都参加了 15 点整开始的球赛。阿瑟教练的球队是在离死者住所 10 分钟路程的体育场上，他们在争夺"法兰西杯"；巴斯特教练的球队则是在离彼得先生家 50 分钟路程的球场上进行友谊赛；而凯特教练的球队是在离凶杀地点 20 分钟路程的体育场上，参加一场冠军争夺赛。据了解，这三位教练在裁判吹响结束比赛的哨声之前，都在赛场上指挥球战，而且当天天气很好，比赛都没有中断过。警长踱着方步，突然返转身对助手说："给我把三位教练都请来。"

"诸位教头，贵队战果如何？"

阿瑟教练答说："我的球队与绿队踢成了平局，3 比 3。"

巴斯特教练接着道："唉，打输了，9 比 15 负于黑队。"

凯特教练满面喜色，激动地说："我的队员以 7 比 2 的辉煌战绩打败了强手蓝队，夺得了冠军！"

警长听后，朝其中的一位教练冷冷地一笑说："请留下来我们再聊聊好吗？"

这位被扣留在警署的教练，正是枪杀彼得先生的罪犯。你知道他是谁吗，为什么？

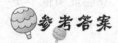
参考答案

一场橄榄球赛需要80分钟，还不包括比赛时的中间休息，再加上50的分钟的路程时间，那么巴斯特教练在17：20之前是不可能到达彼得家的。足球比赛全场是90分，即使加上中间休息15分钟，这两位教练也完全有可能在作案之前到达彼得家的。再分析下去：阿瑟教练的队参加的是锦标赛，当他们与绿队踢成3：3平局时，还得延长30分钟决胜时间，再要加上10分钟的路程时间，就是不再加上中间休息时间，他也不可能在17：10前到达彼得家。所以，只有凯特教练才有可能杀死彼得先生，因为比赛时间90分钟，中间休息15分钟和路程20分钟，这样，他可以在17：05，即在枪响之前1分钟到达。

谁是真正的逃犯

在一场混乱的枪战之后，一家诊所里冲进来一个陌生人。他对医生说："我刚才穿过大街时突然听到枪声，看见两个警察在追一个逃犯，看到这种情况，我也加入了追捕。但是在你诊所后面的那条死巷子里遭到了逃犯的伏击，两名警察被打死了，我也受了伤。"

医生从他背部取出一粒弹头，并把自己的衬衫给他换上，然后又将他的右臂用绷带吊在胸前。当这一切刚做完，探长警长和地方议员跑了进来。

议员大声喊道："就是他，他就是逃犯！"

警长迅速拔枪对准了陌生人。陌生人忙说："我是好人。我是帮你

们追捕逃犯的。"议员说："你的背部中了弹，这枪伤说明你就是逃犯！"

在一旁目睹了这一切的探长对警长说："等一等，我能证明他不是逃犯。"

探长为什么说受伤的这个人不是逃犯？

参考答案

其实，真正的凶手是议员。当他进入诊所时，陌生人已经换上了干净的衣服，并且吊着手臂。在这种情况下，他是不可能知道陌生人是背部中弹的，除非他自己是逃犯。

画兵的韩信

刘邦的大臣萧何多次向他推荐智勇双全的韩信。可是刘邦看韩信年纪轻轻，不相信他有真才实学，总是用各种方法试探韩信的才能。

一次，刘邦故意交给韩信一块儿很小的布帛，让他在这块小布帛上尽可能多地画出士兵来。并且对韩信说："你能画出多少士兵，我就给你多少士兵让你带。"

一天后，韩信将布帛交还给了刘邦。刘邦看后笑了起来，连声说好，对韩信的这个画布十分满意。随后就任命韩信做元帅，充分肯定了他的才能。

韩信究竟画了多少士兵，使得刘邦如此高兴呢？

事实上，韩信并没有在布帛上画一兵一卒，他只是画了一座城池，然后在城楼上画了一面帅旗罢了。里面包含的意思是：元帅手下肯定会有千军万马，这可比画满画布的兵卒多多了！

犯人的选择

战国时期，有一个人犯了死罪，应该被处死。国王依照国家的律法亲自监刑。这个人的认罪态度非常好，他一再忏悔自己的罪行，并请求国王看在自己家中有老母亲需要自己赡养的分上，饶恕自己。

国王也很为难，因为根据律法，这个人确实应该被处死，而且赦免也是有尺度的，他没有可以被赦免的理由和依据啊。国王根据自己的权限，说："看你这么可怜，这样吧，你可以选择一种死法。"

这个人一听，马上高兴了起来，他迅速选择了一种死法。

皇帝听后大吃一惊，但是因为已经当着百姓的面答应了他的要求，而那时是讲究君子一言既出驷马难追的，所以只好把他放了。

这个人到底选择了一种什么样的死法，竟然使得国王不得不把他释放呢？

参考答案

国王让这个人选择死法的本意是他可以选择一种使自己受的痛苦轻一些的死法，如绞死或砍头等，以避开古代折磨人致死的更严酷的刑罚。但这个人抓住了国王说话的漏洞，只要是死就行的话，那我选择老

死就是了。他选择的正是老死。在古代，人们能生产的粮食是很少的，所以国家不可能用多余的粮食养活一个打算老死的犯人，所以国王只好把他放了。

如何增加女孩出生率

有这么一个国家，由于多年的重男轻女的恶习，致使男女比例严重失衡。

国王和大臣们看到这种男多女少的不平衡局面，十分头疼，一天到晚都在想办法，看如何才能让女性人口迅速地增长起来。

有一天，国王想到一个好办法，他召集大臣们商议说："我们可以这样做，如果一个母亲生下的是男孩，那她就没有资格再生孩子了。日子久了，我们国内的女性不就逐渐多起来了吗？"

大臣们都连连称是。于是，马上向全国颁布了这条新的法律。

这条法律真的能改善这个国家的男女失衡的现状吗？

 参考答案

其实，如果真的执行这条法律的话，是没有任何效果的，是根本不可能让这个国家的女性多于男性的。因为，从大体和长远来看，一个孕妇生男和生女的比例基本是1∶1，即各占一半。假若生了男孩的母亲不能再怀第二胎，那么生了女孩的母亲在怀第二胎时，其生男生女的比例依旧还是1∶1，所以，会有又一批母亲被淘汰下去，失去再生孩子的权力。而剩下的那些母亲，在再次怀孕后，生男生女依旧还是各占一半的概率。这样一来，生男孩和生女孩的数目基本上还是相等的。

因此，这个国家的女性比例决不会因此而增加的。

令人满意的答案

在一个新兵连里，有一个刚入伍的新兵让他的班长十分头痛。因为他总是分不清左和右，不断地因为听错口令而闹出笑话。因此，整个班都因为他的原因而经常挨批评，他的班长为此颇感无奈。单兵教练多次后，他依然不能完全改好。

有一天，上级首长前来视察新兵连的操练情况。怕出状况的班长反复地叮嘱他，生怕他到时候出问题。可是怕什么就来什么！到了真正为首长做汇报表演的时候，他果然再次出现了失误，当班长喊出"向右看齐"的口令时，大家齐刷刷地向右看齐。只有他一个人把头扭向了左边。自然，首长马上就注意到了这个"与众不同"的新兵。

于是，就把他叫到自己的跟前，问他为什么会错误地执行口令。站

在新兵一边的班长紧张得直冒冷汗。因为这位首长一向是以治军严厉而著称的。当大家都为这位新兵捏把汗的时候，想不到这位新兵灵机一动，竟然脱口说出了一个让人意想不到的理由。而等他说完以后，首长不仅没有批评他，反而夸他是一个反应很机敏的好士兵呢！这是怎么回事儿呢？

你能猜出这个新兵说出了一个什么样的理由吗？

参考答案

当时，这位新兵是这样说的："报告首长，在大家都向右看齐的时候，我猛然想到，如果在这个时候敌人突然从左边上来该怎么办，于是我就情不自禁地向左看了。"

巧借总统做广告

有一位书商的手中存了一批滞销书。他很伤脑筋，整天盘算着如何把这批滞销书卖出去。有一次，他在电视里看到了一个节目，里面介绍了本国的总统的起居与生活习惯，其中一个细节引起了这位书商的兴趣，即这位总统很爱读书。这个细节马上使书商想到了一个快速卖书的办法。

他先是给总统送去了这批滞销书中的一本，然后多次打电话询问总统，问他对这本书的看法。

总统每天日理万机，忙得不可开交，对这一类琐碎小事，自然是很不耐烦，便随口应付了一句"还不错"。于是，这位书商如获至宝，立即利用总统的这句话作为自己这批滞销书的广告。结果，书很快地就销售一空。

接下来，书商又想用这个同样的方法来推销他的另一批滞销书。可是上过一次当的总统再也不肯轻易地对书做出任何评价了。然而聪明的书商还是巧妙地利用了总统，并且很快地卖光了自己的另一批滞销书。

这一次书商是如何利用总统来为自己的滞销书做广告的呢？

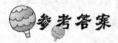 **参考答案**

由于这一次，总统死活不肯表态，于是书商就更夸张地打出了这样的广告语：这是一本连当今总统都无法轻易做出判断的书。既然连当今总统都不能轻易地对这本书做出判断，那么读者对这本书就更加会引起好奇，所以这批滞销书又一次很快卖光了。

从轨道上消失的车厢

这是一件很难令人相信的案件。一节装着在展览馆展出的世界名画的车厢，从正在行驶中的一列火车上悄然地消失了，就仿佛是水被蒸发了一般。而且，那节装着世界名画的车厢是挂在列车中部的。

晚8点，列车从阿普顿发车时，名画还完好无损地在车上，毫无异样。可到了下一站纽贝里车站时，则只有装有名画的那节车不见了。途中，列车一次也没有停过，可在阿普顿至纽贝里之间的铁路线上虽然有一条支线，但那是为了在夏季旅游季节开通旅游专线用的，平时则不用。

第二天，那节消失的车厢恰恰就出现在那条支线上，但名画已经被洗劫一空。

令人不可思议的是，那节挂在列车正中间的车厢怎么会从正在行驶的列车上脱钩，而跑到那条支线上去的呢？对这一奇怪的案件，警察局

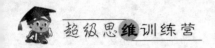

毫无线索，一筹莫展，束手无策。

在这种情况下，著名的侦探亨特出马了。他沿着铁路线在两站之间徒步搜查，尤其仔细地察看了支线的转辙器。转辙器早已生锈，但仔细查看却发现转轴上有上过油的痕迹。

"果然在意料之中。这附近有人动过它。"他将转辙器上的指纹拍了下来，请伦敦警察厅的朋友帮助鉴定后得知，这是有抢劫列车前科的阿莱的指纹。于是，亨特查明了阿莱的躲藏处，只身前往。

"阿莱，把从列车上盗来的画交出来！"

"岂有此理，你凭什么说我是抢劫名画的罪犯？"

"转辙器上有你的指纹。当然，罪犯不光是你一个人，至少还应该有两个同犯，否则你一个人是不会那么痛快地就把车厢卸下来的。"亨特直截了当地揭穿了阿莱一伙的作案手法。

那么，阿莱他们究竟是用什么手段将一节车厢从正在行驶中的列车上摘走的呢？

参考答案

我们可以将阿莱等三名罪犯分别设为 A、B、C，将被摘下的车厢设为 X。A 和 B 潜入列车，C 在支线道岔的转辙器处等候。列车从阿普顿一发车，A 和 B 就将一根粗绳子系在货车 X 前后两节车厢的连接器上。绳子绕到 X 外侧，同支线正相反的一侧。当列车接近支线时，就打开 X 前后两车厢上的连接器。因为有绳子连接着，所以即使打开连接器，前后的车厢不会分离，而是照样往前走。在支线等待火车的 C，在 X 前后车厢的边轮踏上交叉点的一瞬间，迅速切换转辙器。这样，X 就滑上了支线。而不等 X 后部车厢的车轮踏上交接点，再把道岔转辙器回位。这样一来，后边的车厢就被粗粗的绳子拉着在干线上行驶。

不久，列车接近纽贝里车站，速度减慢，被绳子拉着的后边车厢因为惯性会赶上前边车厢。这时，罪犯 A 和 B 再关上连接器，卸下松弛了的绳子，跳下列车逃走。而滑入支线的货车 X 走了一段距离后会自动停下来，这样，罪犯就可以从容地将装在上面的名画全部盗走。

密函该如何传递

在第二次世界大战时，侵华日军打算采取大规模的军事行动。为了得到日军这次行动的详细情报，我军的特工深入敌占区，决定盗取日军的行动计划。

一天夜里，这特工成功地潜入了日军的司令部，在三楼一间密室里找到了有关这次军事行动计划的密函。

正要离开时，忽然从楼上传来了阵阵的脚步声。原来，日军的司令

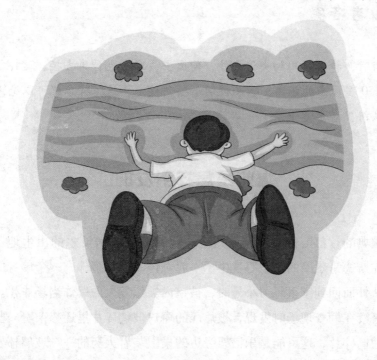

提前宴罢回来啦。

特工走到窗边，看到楼下正临着一条狭长的运河，他想潜水逃走，但他费了九牛二虎之力偷来的密函，这样不就泡在水里不能使用了吗？

幸好这时对面的楼上有自己的助手前来接应。他从窗口探出头来，伸长了手，但与接应者还是差了七八十厘米的样子。如果用竹竿系着文件，就可以顺利地递过去，可是在这千钧一发之际，根本来不及去寻找竹竿之类的东西。而若是要踏着窗户的雨搭跳过去，则雨搭又窄又斜，根本无法站立。情急之下，他想把信扔过去，但又怕被风吹走。正在危急时刻，他急中生智，灵机一动，利用特殊手段把密函传给了自己的助手，顺利地完成了任务。然后从三楼跳进了运河，成功逃离了日军的司令部。

这位特工究竟是使用什么样的妙计把密函传递给助手的？

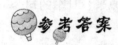参考答案

当时，特工是用脚夹住文件，伸出去，助手也伸脚去接，这样就延长了150多厘米的距离。密函被助手顺利接走，这位特工就可以毫无顾虑地从河里潜水逃走了。

爆炸是怎样引发的

瑞典的首都斯德哥尔摩是烈性炸药的发明家诺贝尔的出生地。一天，在斯德哥尔摩的市中心发生了一起奇怪的爆炸事件。一个单身的音乐家从外面回到家里练习小号时，被室内突然发生的爆炸当场炸死。

警察在勘查现场时发现，被炸碎的窗户玻璃碎片里还掺杂着一些薄薄的玻璃碎片，这可能是乐谱架旁边的桌上装着火药的一个玻璃杯发生

了爆炸。

但奇怪的是，在室内并没有找到任何火源，也找不到定时引爆装置的碎片等。如果不是定时炸弹，为什么定时引爆得那么准确呢？简直是不可思议！根据邻居的证言，爆炸前死者是在用小号练习吹高音曲调。

于是，聪明的警察马上就识破了罪犯的手段。

那么，炸药是如何被引爆的呢？

🎈 参考答案

犯罪过程是这样的：罪犯趁被害人外出家里没人时，悄悄地溜进房间，往火药里掺上氨溶液和碘的混合物。在氨溶液里掺入碘，在潮湿的状态时是安全无害的。但一干燥则敏感度就远远高于 TNT 炸药，哪怕是高音频引起的振动也会引发爆炸。

罪犯正是利用了这一高敏感度的特点，他把掺好的湿炸药放在敞口的玻璃杯里，然后把它放在乐谱架旁边让它自然晾干，等习惯于回家吹小号的被害人在用小号吹奏高音曲调的一刹那，高音频的小号声就引发了爆炸。

神秘的青铜像案

埃夫文的妻子被人杀死了。埃夫文对检察官说："昨晚我很晚回家，刚巧撞上一个从我妻子房间里跑出来的人，跌跌撞撞冲下楼梯。借着门口那盏昏暗的长明灯，我一眼认出了他是谁，他就是吉姆·西斯蒙。"

被告吉姆·西斯蒙愤怒地嚷道："他在撒谎！"

埃夫文继续说道："西斯蒙大约跑出了 100 码远，之后扔掉了一件

什么东西，那东西在乱石坡上碰撞了几下后滚落进了深沟，在黑暗中撞出了一串火花。"

"他这是在胡编！诬告！"西斯蒙气得满脸通红。

检察官举起了一座森林女神妮芙的青铜像说："对不起，西斯蒙先生，我们在深沟里找到了这件东西，要是再晚一个小时，那场大雨也许就把这些线索冲掉了。铜像底部沾的血迹和头发是埃夫文太太的。我们在铜像上取到了一个清晰的指纹——这指纹是您的。"

西斯蒙反驳道："我当时根本就没去他家。昨天晚上7点钟，埃夫文打电话给我，说他8点钟想到我家来谈点儿事情。我一直等到半夜，也没有见他过来，于是就睡觉了。至于指纹，那可能是我前几天在他家拿铜像看时留下的。"

检察官感到案情很复杂，就去请教大侦探麦克哈马。当检察官把案情说了一遍之后，最后说："埃夫文和西斯蒙是同事，以前两人的关系很好，最近不知为什么，关系开始恶化了。"

麦克哈马听完检察官的介绍后，说："凶手不是西斯蒙，是有人诬陷他。我知道谁是真正的凶手了。"

那么，真正的凶手究竟是谁呢？

参考答案

真正的凶手其实正是埃夫文。此案的关键是青铜像。埃夫文称，西斯蒙扔掉东西在岩石坡上撞了几下，在黑暗中撞出了一串火花，并说这是西斯蒙的作案凶器。这是明显的谎言了。因为青铜这种材料在岩石上是不会撞出火花的，这是青铜像的物理性质所决定的。因此西斯蒙不是凶手。既然，凶手不是西斯蒙，而对案情了解如此之深之细又撒谎的埃夫文，自然就有重大的作案嫌疑了。

被戳穿的谎言

107 高速公路旁边的一座高层公寓的 807 房间发生了盗窃案。市刑侦队的队员们接到报案后，迅即赶到了现场。在勘查现场时，女佣人反映说："我听到房间里有声音，就走了过去。因为害怕，我就透过门上的锁孔向里悄悄地察看，发现一个男人从房间左侧的暖炉里，把一些什么东西装进了自己的口袋里，然后穿过房子，从右侧的窗户跳窗逃跑了。"刑侦队员杨剑听她说完话，就立即做出判断："你这是在撒谎。"

杨剑为什么判断女佣人是在撒谎，他的依据是什么？

超级思维训练营

参考答案

　　因为根据门的厚度，透过锁孔是不可能看到房间里面的两侧的，所以杨剑由此判定女佣人说的是谎话。

谁下的毒

　　今晚宴会的气氛是相当的友好而热烈，就连张平和肖欣这两个平日里的冤家对头都没有表现出敌意。相反，肖欣主动地坐到了主人张平的旁边，以此来表示对他的友善。

　　这时张平站了起来："今天难得大家捧场，不喝点酒怎么行呢？"于是他走到后边去拿了酒和一些杯子来。大家纷纷上去各自拿了一个杯子，然后张平把酒瓶给了肖欣："你来倒酒吧，以前我们之间的所有恩怨就随这杯酒一笔勾销了！"肖欣有点意外地接过瓶子，给在场的每个人都斟了酒，在斟酒的间隙里，他不经意的浏览了一下周围，当他看到张平的夫人时，发现张夫人的脸色瞬间变得苍白，并迅即把头扭到了一边。其实在场的所有人都知道，当初张平和肖欣结仇的原因就是因为肖欣和张平的老婆有点关系暧昧。不过现在看到他们和好，大家还是从内心很高兴。肖欣斟完了酒，走回来坐到张平的右边，而张夫人反倒坐在肖欣的右边了。

　　就在这时，张平抬腕儿看了看手表，像是突然想起来似的说："噢，不好，我忘了个重要的约会，我先陪大家喝两杯，然后就走了，好，这第一杯，就当是敬肖欣的吧。"说着站了起来，挨个给在场的人敬了酒。在场的各位也都跟着站起来喝了一杯。肖欣见张平这样了，也端起杯子站了起来，说："我也敬大家一杯！"说着端着杯子也挨个敬

酒，就在这时候，突然停电了！其实也就那么几秒钟的时间，然后灯又亮了。大家虚惊一场，都坐下继续喝酒吃东西。猛然间，肖欣的脸色一变，身体往后倒了下去！张平和他坐得最近，连忙上前扶住他，却见他的脸色顿时就变了："不好！有毒！"他立刻上前端起肖欣的酒杯，闻了闻，说："氰化物中毒。"

大家都知道张平是学医的，他说是中毒那肯定就是了，而且从死者的脸色也很容易看出来。大家立刻乱了起来，有的人前去打电话，有的人保护现场，有的人陪张平把酒杯用塑料袋装起来，等待警察前来查证。

徐侦探很快就赶到了现场。警察仔细地检查了酒杯，确定是有毒。事情似乎很明显，应该是当时坐在他旁边的张平夫妇最可疑。但是张平一点也不慌，他说："你们认为是我杀了他，是不是？但是这里所有的人都可以为我作证，酒是他自己倒的，杯子也是大家乱拿的。而且停电的当时肖欣站了起来走出去了，杯子他就端在自己的手里，而我则一直都在坐着，我怎么可能把毒下到他的杯子里而不被他发现呢？所以说，不可能是我干的，因为我没有下毒的机会。"

但徐侦探却意味深长地摇了摇头，说："不得不承认，你确实很聪明，但我确切地知道，你就是凶手！"

徐侦探为什么这么肯定地确认他就是凶手呢？

参考答案

原来事情是这样的，毒不是下在杯子里的，而是下在凶手自己的餐具上的，比如刀叉之类的餐具，张平乘停电的时候把自己的餐具和死者的做了交换，死者在用有毒的餐具吃东西后中毒而死。而杯子里的毒是他在假装检查杯子的时候放上的。而且凶手肯定是房间的主人，因为只有他才能设定停电的时间。

第二章　奇思妙想找真相

凶手是谁

在一个大雪纷飞而又寒冷的深夜，正在执勤的王警官接到了自己辖区内的一个报警电话。报警人刘太太说她的丈夫被人杀死了。王警官迅速赶到她家。当他进屋时，感觉到房间里很暖和。他脱下自己的大衣和围巾后，马上开始询问案情。

刘太太依然穿着睡衣，惶恐不安的脸上依然还是一副惊魂未定的样子。她带着惊恐的腔调说："在半夜两点多钟的时候，我忽然醒来，发现我丈夫已经死在了客厅，而客厅的窗户开着，不知道是谁将我的丈夫杀死了。"她一边说一边哭了起来。

王警官在仔细地查看了现场后，面带微笑地对刘太太说："不要再伪装了，在刑警队的人到来之前，你最好把你的作案经过说一遍吧。"

刘太太听后大吃一惊。在沉默了一阵儿后，开始述说起了自己杀害丈夫的详细经过。

王警官是如何发现刘太太是杀人凶手的呢？

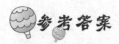 参考答案

当王警官接到报警后来到刘太太家时，他发现刘太太家里很暖和。如果是有人将刘先生杀害后逃跑，在如此寒冷的冬夜，开着窗子的房间，温度会迅速下降，绝不会如此暖和。所以，可以断定，根本就没有外人进入她们的房间，而当时房间里又只有刘太太一个人；因此，最大的嫌疑人只能是刘太太。

凶手是从哪条路逃跑的

有一天上午，警察小李正在巡逻。在一条比较偏僻的小路上，他发现有一个人倒在血泊之中。他赶紧上前查看，扶起这个人，发现他的意识还比较清醒。这个人断断续续地说自己被一个骑自行车的人抢劫了，并捅了自己一刀。凶手已经逃跑了，边说边用手指了指凶手逃走的方向。小李赶紧招呼并委托路人拨打120和看护这个伤者，自己则急忙开车向凶手逃走的方向追去。

在追捕的途中，小李来到了一个岔路口，这个岔路口的两边都是上坡路，路面则正在建设中，左右两边都有自行车轮碾过的痕迹，左边路上的痕迹，前后轮深浅基本是一致的。右边路上的痕迹，则是后轮的痕迹比前轮重。小李飞快地想了一下，就开车向其中的一个方向追了下去。不久，就发现了一个可疑的骑车人。经过初步盘问，发现这个人有重大作案嫌疑，于是，小李就将他带回公安局。经审问后，发现这个人果然就是凶手。

当时的小李是顺着哪条路追下去的？他是如何判断凶手逃跑的路线的？

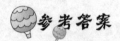

参考答案

小李是顺着左边的那条路追下去的。因为这两边路都是上坡，人骑自行车要上身前倾，用力蹬车，所以前后车轮的痕迹一样重；而右边路上的自行车痕迹是自行车在下坡滑行时产生的，下坡时，人的重心在后轮上，所以后轮比前轮的痕迹重些。

埃菲尔铁塔的疑惑

著名的埃菲尔铁塔是法国首都巴黎的标志性建筑。它高300米，总重量高达7000多吨。然而在它刚建成的时候，有三个现象像谜一样使人们困惑了很久：

一、这座铁塔只有在夜间才是与地面真正垂直的；

二、上午的时候，铁塔会向西偏斜100毫米，而到了中午，铁塔则会向北偏斜70毫米；

三、冬季，当气温降到 −10℃ 时，人们惊奇地发现，塔身会比炎热的夏季矮17厘米。

当有人怀着好奇去问铁塔的设计者埃菲尔时，他给这些好奇的人们解释了这些问题。

为什么会出现上面所说的这三种情况呢？

参考答案

这是因为，在白天，由于光照的角度和强度是变化的，塔身各处的温度也是不一样的，热胀冷缩的程度因此也就不一样，因此，上午和下午不仅出现了倾斜现象，而且倾斜的角度也不一样。夜间，铁塔各处的温度是相同的，所以就恢复了垂直状态。而关于高矮的变化问题，那是由于冬季气温下降，塔身就会收缩，所以铁塔就变矮了。

列车上的失窃案

在一列从南方某地开往北京的特快列车上，在 10 号硬座车厢里，相对坐着 4 位旅客。他们的目的地分别是徐州、济南、德州和北京。

列车在南京站停靠了 13 分钟，4 位旅客都有事离开了自己的座位。13 分钟后，列车启动继续北行。这时，其中那位去北京的旅客，突然发现自己的公文包丢了，里面有 8000 多元的现金和一些现金支票，及其他一些物品。

列车上的乘警王大勇闻讯来到 10 号车厢，开始调查。丢失公文包的旅客说："列车靠站之前，公文包一直就放在行李架上，后来我到列车办公席去询问是否有卧铺余票，回来后就发现公文包没有了。"去徐州的旅客说：列车停靠时，自己到 8 号车厢去看望同事了；去济南的旅客说：他下车到站台上活动了一下身体；去德州的旅客说：他那时正好在厕所里解手。王大勇听完 4 个人的叙述后，与同事刘晓明交换了一下眼色，耳语了几句，随后对其中一个旅客说："请你跟我们来一趟！"

究竟是哪位旅客被带走了？王大勇是如何发现他的可疑之处的？

参考答案

去德州的那位旅客被带走了，因为他的话是谎言，违反了旅行常识。列车在停靠站台前后的一段时间里，为了保持车站内的卫生清洁，

厕所门一律锁着的，禁止使用。所以，去德州的这位乘客显然是在撒谎，所以他有作案的重大嫌疑。

讹诈者之死

电话铃声响起来时，影视演员高露露正在梳妆台前化妆。她伸手拿起了听筒。

"我跟你说的钱准备好了吗？"电话那头传来一个男人阴沉的声音。一听见那男人的声音，高露露不禁打了一个寒战。

"嗯……啊……正在设法筹集……"

"那么，今天交货好吗？"

"在哪里？"

"火车站附近，有一家好客来酒店，请你到那家酒店的508号房间来。"

"什么时候去呢？"

"那你什么时候方便？"

"这，下午1点钟怎么样？"

"好的，我等着你。"对方发出一阵假笑的声音，把电话挂断了。

高露露一动不动地呆着，连听筒都忘了放。她考虑了好一阵，最后，狠下心来，从梳妆台的抽屉里拿出了一粒胶囊。

"如果把钱给他，换回我自己病历本的副本就行了，但问题是，他肯定复印了许多份。只有下决心，悄悄地用这毒药……只是不知有没有合适的机会……到时候再说吧……"

高露露凝视着胶囊中的粉末发呆。这是氰化钾，几天前，她住在经营药店的姐姐和姐夫家中的时候，是从剧毒药架上悄悄偷来的。

两年前，高露露曾受到电视台导演的诱惑，怀孕后做了流产手术。

不知刚才的敲诈者，是通过什么手段把她住院时的病历卡搞到手的；他用这份病历的影印件来敲诈她。

在另一处公寓，电话铃声响起的时候，职业网球运动员李小力正在厕所里，一听见铃响，他慌忙地从厕所里跑出来，立即拿起了听筒。

"我说的钱准备好了吗？"

一听见那个男人的声音，李小力一下子挺直了身体。

"啊，正在设法筹集……"

"那么，今天把钱交给我吧。"

"在什么地方？"

"在火车站附近，有一家好客来酒店，请你到那家酒店的 508 号房间来。"

"什么时候?"

"下午 2 点吧! 我这就恭候光临了。"

对方发出讨厌的笑声并且挂断了电话。

李小力紧握着听筒思考良久，随后他打定主意后，从桌子上的抽屉里拿出了一个小药瓶。

瓶子里装着氰化钾，这是李小力昨晚在妻子家开设的电镀工厂剧毒药柜中偷偷取出来的。瓶盖上密封着玻璃纸。

曾经有一天早上发生的事故，使李小力至今担惊受怕。那是一个有雾的早晨，打了一夜的麻将，在回来的路上，他的车把送报纸的中学生撞倒了。当时，幸亏没有人看见，李小力丢下被撞的学生，开足马力逃跑了。但是，不知敲诈者在哪里看见了这一幕，而且拍下了他现场的照片，以此敲诈他。

还有一处公寓，电话铃声响起时，流行歌手宋甜甜正在餐厅里独自吃早餐，虽然时间早已经不是早晨了。

"跟你说的钱准备好了吗?" 一听到那个男人的声音，宋甜甜全身战栗了一下。

"这个……嗯……"

"今天把钱交给我。"

"在哪儿?"

"在火车站附近，有一家好客来酒店，请你到那家酒店的 508 号房间来。"

"这个……今天约好驾车出去游玩，所以……"

"喂，你觉得游玩兜风与我的交易，哪个更重要呢? 无论如何，下午 1 点到 3 点之间，我必须见到你! 我等着，呵呵。"

对方威吓着挂断了电话。

宋甜甜手里握着听筒，呆呆地想了一阵，心一横，从柜子的抽屉里拿出了一个手帕包着的纸包，纸包里有大约半勺的氰化钾。

这是两年前她那从事文学的表哥自杀时残留的氰酸钾。宋甜甜对这位表哥怀有爱慕之心。她心里充满伤感地将这包氰酸钾作为遗物保留了下来。

"只要能取回副本，就用这包药最后解决问题吧，毕竟难以应付他今后一次又一次的敲诈呀。不过，不知道自己是否到时真的有胆量……"

当年高中时的偷盗行为，使她至今悔恨莫及。放暑假时，她到百货公司买东西，忽然像着了魔似的，偷盗了百货公司的香水和化妆品，结果被人发现，受了一通教育。不知这个敲诈犯怎么把那时的警察审问记录搞到手了，并且复制了副本来敲诈她。

第二天，也就是 8 月 5 日的早报上，刊登了这样一则消息："采访记者渡边弘一死在第九区第五街好客来酒店 508 号房间。"

死者被这家酒店的老板冯先生发现。冯先生说他三天前外出旅行；外出期间，他的友人也就是被害者，找他预租下这间房。

死因是氰化钾中毒。死亡时间推断为昨天下午 1 点至 3 点之间，桌上的杯子里还装有未喝完的果汁，果汁里掺有氰化钾。

房间里装有空调设备，冷气机开着，不知什么原因，窗户也开着。房间内明显被人翻动过；因此，警察认为是他杀，并且已经开始侦查。

当天下午，从 1 点半到 2 点半，这所公寓一带曾停电一个小时左右。那是因为有一位卡车司机疲劳驾驶，撞上了电线杆，将电线切断了一个小时左右。

高露露读了这则消息后心中暗想："我从公寓回来时，乘电梯刚好下到一楼便停了电。多亏时机好，如果晚一步，正好被关在电梯中。千钧一发的时候，运气真不错，顺顺当当地干完了事，那男人真的死了，真痛快呀。"

李小力也读到了那则消息："哼，活该，这样就清净了。不过，当时没注意正在停电，我怕遇见人麻烦，因此没有乘电梯，而是从楼梯走上去的，可偏偏在楼梯里遇见了两位主妇，运气真不好啊。不过，我戴着墨镜，倒不用特别的担心，508 房间不是那家伙的住房，这倒挺意外。"

宋甜甜也把那则消息反复读了好几遍。"去时在公寓附近的道路上，停着两辆巡逻车，我还以为发生了什么事，有些紧张，原来是因为那卡车造成的事故引发了停电。幸亏是白天停电，要是在晚上停电可就糟了。进公寓时，那些看热闹的人都盯着我看。我化了装，戴着墨镜和假发，不用担心认出我的相貌。不过，万一刑警打探到我这里来了可怎么办呢？……啊，不要紧，没有任何证据能证明我去过 508 房间……总之，那个男人死了，不会再有任何人能玷污我当红歌手的名声了。"

至此，我们需要思考：究竟是谁用氰酸钾毒杀了敲诈犯，究竟是这三人中哪一位，为什么呢？

参考答案

现场的房间，装有空调设备，冷风机也在工作着，而且窗户也开着，这说明犯罪是在停电中进行的。由于停电，冷风机停止工作，室内就会很热，被害者自己就要打开窗户。如果恢复送电后被害者还活着，冷风机还工作着的话，他就会关上窗户。停电中到过现场的，只有李小力和宋甜甜，那么，被害者室是被谁的氰化钾毒死的呢？氰化钾如果不密封保存，长时间与空气接触的话，便会变成碳酸钾，而失去毒性。宋甜甜所保留的氰酸钾已经开封并且用纸包了两年，显然已经失去了毒性。因此，凶手只能是李小力。

热带鱼传递的信息

昨天晚上下了一场大雪，使得今天早晨的气温降到了 –5℃，刑警正在询问某案件的嫌疑犯，当问到她有没有昨天晚上 11 点左右不在作案现场的证据时，这个独身女人回答说："昨天晚上 9 点钟左右，我那个老旧的破电视机出了毛病，造成短路停了电。因为我缺乏电的知识，无法自己修理，就吃了片安眠药睡了。今天早晨，也就是刚才不到 30 分钟之前，我给电工打了电话，他告诉我只要把大门口的电闸给合上去就会有电了。"可是，当刑警扫视完整个房间，目光落在水槽里的几条热带鱼时，迅速识破了她的谎言。

刑警是如何通过热带鱼识破她的谎言的？

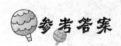 参考答案

看到水槽里的热带鱼在欢快地游动，刑警便识破了这个女人的谎言。因为在下大雪的夜里，假如真的停了一夜的电，那么水槽里的自控温度调节器自然也会断电，那样的话，到清晨时，水槽里的水就会变凉，热带鱼也早就冻死了。

智破凶杀案

在一家乡村旅馆中发生了一起凶杀案，死者是一位女性。她被水果刀捅入了背部。警长向侦探介绍说，这位女性名叫刘丽，上周刚和一位现役军官举行完结婚仪式。他们在公园街那边有一套小公寓。

嫌疑的对象很可能是刘丽的前男友王刚。因为刘丽曾与王刚恋爱，但她最后却嫁给了那位军官。探长决定独自去探访王刚的情况，临走前他故意将一支金笔扔在了旅馆中死者躺过的床上。

王刚独自一人住在自己的修车店。探长一进门就问："你知道刘丽被人杀了吗?"

"啊! 刘丽死啦? 不，我不知道。"王刚气喘吁吁地说。

"嗯，不知道就好。"说着探长伸手到上衣口袋中摸笔做记录。"啊，糟糕，我的笔一定是掉在刘丽的房间了。我现在得马上去办另一件案子，顺便告诉警方你与此案无关。你不会拒绝帮我找回金笔，送回

警察局吧?"

王刚只好无可奈何地答应了。当王刚把金笔送到警察局时,他立即就被捕了。

为什么当王刚把金笔送到警察局时,他就能被确定为凶犯呢?

因为探长并没有提到案发地点,而王刚能拿回金笔,说明他知道案发地点不是花园街那间大家都知道的小公寓,而是那家不为普通人所知道的乡村旅馆。

霜地上遗留的脚印

私人侦探刘洪军很长时间没有休假了。几天前,他来到开心岛上的旅馆度假。

开心岛是有名的避寒胜地。但不巧的是,今年因为受到异常猛烈的寒流袭击,气温骤然下降,早晚都异常寒冷,最低气温到了零度以下。就在这寒冷的一天晌午过后,来了一个电话:

"刘先生,求您赶快到我别墅来一趟!"慌里慌张打来电话的是画家美子。此前,一个偶然的原因,她知道刘侦探就住在这里的旅馆里。

"到底出了什么事?"

"有贼溜进我家里了。这几天我外出旅行写生,才刚回到家,一进门,我就看到屋里被翻得乱七八糟的。"

"哦,那有什么东西被盗了吗?"

"都不是什么重要的东西,服饰上的宝石全是仿制品,照相机也是便宜货,可我是个单身呀,如果连内衣也都给盗走了,想起来心里可真

有些发寒啊。"

"好吧，我马上就过去。"

对撬门别锁这类小案件，照理是无需他们这些名侦探去理会的，可与美子从大学时代起就一直是好朋友，她遇到了麻烦，是无法拒绝的。所以，刘侦探就马上开车赶了过去。

她的别墅坐落在环湖半周的杂木林中。这是一座砖瓦结构的仿古别墅，从去年秋天开始，她就一头扎进这里的画室，画这湖周边的风景。

刘侦探到达时，她正焦急地等在别墅的门口。

"这儿，留有犯罪嫌疑人的鞋印。"她边说边将刘侦探领到东侧的院子里。时间已是太阳偏西了，院子被别墅的阴影遮住，地面非常潮湿，因此犯罪嫌疑人的脚印清晰可见。这是一个鞋底为锯齿花纹的高腰胶鞋的印痕。犯罪嫌疑人就是从这里进来的，他打碎了厨房的玻璃门溜到室内的。

"你向警察报案了吗？"

"不，还没有。因为没有什么值钱的东西被盗，所以觉得没有必要麻烦他们。"

"照理说，你还是应该先向警察报告一声，如果是撬门别锁的惯犯，警方档案中也许会有记录的。我同这儿的派出所长是老相识，由我来同他说一声吧。"刘侦探用画室里的电话向警方报了案，把之后的搜查一事就交给当地的警察们去办，他自己则回旅馆去了。

当天晚上，派出所长给旅馆打来电话，告诉刘侦探已经找到了那两名嫌疑犯。

"怎么？找到了两个？"刘侦探感到很惊讶。

据所长说，一个叫孙超，昨天夜里 11 点钟，巡逻的保安曾经看见他在现场附近徘徊。另一个叫秦秀勇，今天上午 11 点 30 分前后，同样是在现场附近，附近别墅的管理员发现这个人形迹可疑。

"这两个人被人看见的时候，都穿着高腰胶鞋吗？"刘侦探问所长。

"噢，不，具体的情况我还没有核实，但搜查过他们的住宅，并没有发现你说的这种胶鞋。大概是怕被当作证据而处理掉了吧？"

"那么，到底以什么证据将他们抓捕的呢？"

"虽然目前还没有发现被盗的物品，但他们两人都是专门在别墅撬门别锁的惯盗，所以只要拘他们一个晚上审查一番，只要是他们干的，肯定会招供的。"所长充满自信，非常乐观。

"那么，最后我还想提个问题。孙超和秦秀勇从今天早晨天不亮到中午过后这段时间有不在现场的证明吗？"

"孙超从深夜1点到中午过后这段时间确实有不在现场的证明。他在朋友的家里打了一通宵的麻将，早晨8点左右同朋友一块儿上的班。"

"果然如此……"

"可是，刘先生，在这以前有人看见他在现场附近出现过，所以我觉得他的不在现场的证明是没有任何意义的。"

"可这两个人之中，谁是真正的犯罪嫌疑人，仅凭这些证据就足够说明问题了。所以说，我知道谁是真正的犯罪嫌疑人。"

刘侦探指出的犯罪嫌疑人是孙超还是秦秀勇呢？他为什么敢于这么明确地指出呢？

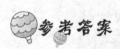 参考答案

刘侦探看到院子里留下的犯罪嫌疑人胶鞋印清清楚楚，就知道谁是真正的犯罪嫌疑人了。因为那个院子很潮湿，所以像昨天夜里那样的低气温照理会结霜的。所以如果罪犯是昨天夜里潜入室内作案的话，鞋印肯定会因结霜的缘故而走样变得不清楚。与此相反，鞋印清楚得连花纹都清晰可见，这说明是天亮之后也就是霜融化之后作的案。这样，真正的犯罪嫌疑人就是今天上午11点半左右在现场徘徊的秦秀勇。孙超因为从深夜1点到中午过后有不在现场的证明，所以是清白的。

名画到底在谁身上

张先生收藏着一幅价值连城的珍贵名画。他逢人就夸，作为炫耀的资本。

一天，有3位古董商来访，张先生便把三人迎入了珍藏室。只见古

玩陈列架上端端正正地放着一只檀木珍宝箱，健谈的主人边介绍，边打开箱子，那幅名画使来客们赞不绝口。随后，主人合上珍宝箱，用一张涂满糨糊的白色封条封好，然后邀请三位来客到客厅叙谈。

言谈之间，张先生发现三位来客有一古怪的巧合，三个人的右手指上都有点小毛病，A 的食指也许是发炎，涂上了紫药水，B 的拇指明显是被划破的，涂上了红药水；C 的拇指大概是被毒虫咬肿了，抹上了碘酒。

聊天的气氛是热烈的，尽管三位来客先后离席外出小解，但回到客厅后，依旧是谈笑风生。

宾主正谈得高兴和融洽，张先生读大学化学系的儿子张明回到家里来了。经过介绍，张明与三位来客一一握手和寒暄。随后，让父亲带着他去看一下那幅珍贵名画。而当张先生撕下湿漉漉的白色封条打开箱盖时，大家都大吃一惊，古画不见了。张先生更是受惊异常，他只喊了一声"天哪，我的画！"就浑身瘫软了。沉稳机智的张明唤醒张先生，向他询问事情经过，然后安慰他说："爸，别急！事情终能水落石出的。"

张明扶着父亲来到客厅，把名画失窃的事向三位来宾说明，然后风趣地说："尊敬的先生们，这名画不会是飞到了你们身上吧？"

三位来宾耸耸肩膀，双手一摊，异口同声地说："阿弥陀佛！这怎么可能！"

张明犀利的目光从三人的手掌上一扫而过，然后指着其中的一位对父亲说："古画就在他身上！"

张明所指的这个"他"究竟是谁呢？

参考答案

是 C，因为张明在见到 C 的拇指呈现蓝黑色时，便能明确地断定是 C 了。因为封条上的糨糊未干，假如是 A 或 B 这两个人动过封条，那

么他们手指上的药水在碰到白纸条时，纸条上必然会留下紫色或红色的痕迹。而现在张明既然在纸上没有发现任何痕迹，说明封条贴上后不久，就被 A、B 之外的人完整无损地动过。然而只有当碘酒涂过的手指与糨糊接触时，使原来的黄色反应后呈蓝黑色。所以张明见到他们手指的一瞬间，便做了断定。

究竟是谁偷了喇叭

周末晚上，一家乐器商店被盗。盗贼是砸碎了商店一扇门上的玻璃窗后钻进店内行窃的。他接连撬开了 3 个钱箱，共盗走了 1 225 元，又从陈列橱窗里拿走了一只价值 14 000 元的喇叭，放在一个普通的喇叭盒里提走了。

警方对作案现场进行了仔细的搜查，断定这起窃案是对这家乐器商店非常熟悉的人干的。于是，警方把怀疑的对象限定在了汉森、莱格和海德里 3 个青年学徒身上，认定他们三人中肯定有一个是罪犯。

3 个青年被带到警官索伦森先生的面前，桌子上放着三支笔和三张纸。索伦森对他们说："我请你们来，是想请你们与我合作，帮我查出罪犯。现在请你们每人写一篇短文，你们先假设自己是窃贼，然后设法破门进入商店，偷些什么东西，采取什么措施来掩盖偷窃现场。好，开始吧，30 分钟后我来收卷。"

30 分钟后，索伦森让 3 个少年停笔，并朗读他们自己刚写过的短文。

汉森极不情愿地读着："周末早晨，我对乐器店进行了仔细的观察，发觉后院是最理想的下手地方。到了晚上，我打碎了一扇边门的玻璃窗，爬了进去。然后我就找钱，再然后我就从橱窗里拿了一把很值钱的喇叭，轻手轻脚地溜出了商店回家啦。"

轮到莱格读了："我先用金钢刀在橱窗上割了个大洞，这样别人就不会想到是我干的。我也不会去撬3个钱箱，因为这会发出响声。我会去拿喇叭，把它装进盒子里，藏在大衣下面，这样就不会引起别人的注意。"

最后是海德里读："深夜，我在暗处撬开商店的边门，戴着手套偷抽斗里的钱，偷橱窗里的喇叭。我要用这钱买一副有毛衬里的真皮手套。等时间长了，人们忘记了这桩盗窃案后，我就会出售这只珍贵的喇叭。"

索伦森听完，指着其中的一个少年说："小家伙，告诉我，你为什么要干这种坏事?"那个少年顿时惊恐万状，疑惑地看着索伦森，不知他是怎么知道自己就是盗窃人的。

这个少年是谁? 索伦森根据什么识破了他?

参考答案

是莱格干的。他暴露出了喇叭是藏在盒子里被偷走的，而且还知道店里有3个钱箱被撬。此外，他为了掩饰自己，在短文里几乎所有的行动都跟实际发生的事实相反。

第三章　别具一格的思考

神秘的遗嘱

有一位重病在床的富商，眼看就不行了。这时，他将自己的两个儿子叫到身边，对他们说："我可能活不长了。我这里有 9 颗宝石，无法平分给你们，所以，我想到一个办法：如果你们两个之中谁能将这 9 颗宝石分别装在 4 个袋子里，并且既保证每个袋子里都有宝石，又能使每个袋子里的宝石数是单数，我就分给那个人 5 颗宝石，另一个人就只能得到剩下的 4 颗宝石了。"

大儿子十分苦恼，想了半天，分不开，放弃了。小儿子想了想，迅速地把 9 颗宝石分别装在了 4 个袋子里。

富翁的小儿子是如何把 9 颗宝石分别装在了 4 个袋子里的呢？

参考答案

　　分装的过程是这样的：富翁的小儿子先拿出来 3 个袋子，在这 3 个袋子里分别装上了 1 颗、3 颗和 5 颗宝石，然后，他把这 3 个袋子一齐装进了剩下的第四个袋子里。这样，正好让每个袋子里都装有宝石，并且每个袋子里的宝石数量都是单数。

女盗梅姑和保险柜

　　这年冬天寒流来袭的一天，女盗梅姑应刘侦探之邀来到侦探事务所。一进屋，见到屋子中间摆着 3 个新型的保险柜，她有些吃惊。这是 3 个完全一样的保险柜。

　　"噢，梅姑，你来得正好。都说你是开保险柜的巧手，那么现在我请你在 10 分钟之内，不许用电钻和煤气灯打开这 3 个保险柜。你能做到吗？"刘侦探问道。

　　"3 个总共用 10 分钟吗？"

　　"不，一个用 10 分钟。"

　　"要是这样的话，没什么问题。"梅姑很自信地说。

　　"请问一下，这保险柜里面装的是什么？"

　　"里面是空的。"

　　"噢？"

　　"实际上，这是一家保险柜生产厂准备在明年开春上市的新产品，并计划推出这样的广告宣传词：'连神侠女盗梅姑也望尘莫及的产品'。为了慎重起见，保险柜生产厂家特地委托我请你来给试验一下，并且提

出无论成功与否，都要用摄像机把你的开启过程摄录下来送交厂方。"

刘侦探开始安装摄像机的三角架。

"还没有我打不开的保险柜呢，可如果10分钟内打开了怎么说？"梅姑问刘侦探。

"如果10分钟内打开了，就可以得到厂家一笔可观的酬金。你还是快干吧，我用这个沙漏给你计时。"

刘侦探把一个10分钟计时的沙漏倒放在保险柜上面。梅姑便立即开始行动。她将听诊器贴在保险柜的密码盘上，慢慢拨动着号码，以便通过微弱的手感找出保险柜的密码。

1分钟、2分钟、3分钟……沙漏里的沙子在静静地往下流。

"梅姑小姐，已经9分钟了，还没打开吗？只剩最后一分钟了。"

"别急嘛，新型保险柜，指尖对它还不熟悉。"

梅姑瞥了一眼沙漏，全神贯注在指尖上，终于找出了密码。因为是6位数的复杂组合，所以多费了些工夫。

"好啦，开了。"梅姑打开保险柜时，沙漏里的沙子还差一点儿就全漏到下面去了。

"可真不赖，正好在10分钟之内。那么再开第二个吧。不过，号码与方才的可不同啊。"刘侦探边说边把沙漏倒了过来。

第二个保险柜，梅姑也在规定的时间内打开了。沙漏上边玻璃瓶中的沙子还有好多呢。

"真是个能工巧匠啊，趁着兴头，接着开第三个吧。"

"如果是一样的保险柜。再开几个也是一样。"

"但3个保险柜都要在规定的时间内打开，否则你就拿不到酬金。实话告诉你吧，酬金就在第三个保险柜里面。"

"那好，请你把炉火再调旺些！这么冷手都麻木了，手感迟钝了。"梅姑说。

刘侦探赶紧将煤油炉上的火苗往大处调了调，并把炉子挪到了保险柜的前面。梅姑把手放在炉火上，烤了烤指尖。

"怎么样，准备好了吗？"

"开始吧。"

刘侦探将沙漏一倒过来，梅姑就接着开第三个保险柜。

然而，这次沙漏中的沙子都流到了下面，10 分钟已过，但保险柜还没有打开。

"梅姑小姐，怎么搞的？10 分钟已经过了呀。"

"怪了，怎么会打不开呢，可……"梅姑瞥了一眼煤油炉旁的沙漏。

"刘侦探，这个保险柜没做什么手脚吧？我敢肯定有人做了手脚。"

梅姑有些焦急，额头上沁出了汗珠，可依然聚精会神地开锁。约摸过了一分钟，她终于把保险柜打开了。柜中放着一个装有酬金的信封。

"这就怪了，与前两次都是一样的干法，这次怎么会慢了呢？"她歪着头，感到有些纳闷儿。忽然，她注意到了什么，"我差一点儿被你蒙骗了！我就是在规定时间内打开的保险柜，酬金该归我了！"

"哈哈哈，还是被你看出来了，真不愧是神侠女盗啊，还真的是骗不了你。"刘侦探乖乖地将酬金交给了梅姑。

那么，刘侦探是用什么手段做的手脚呢？

参考答案

刘侦探借机故意把沙漏放到了煤气炉旁。因为煤气炉发出的热量使得沙漏的玻璃膨胀，漏沙子的窟窿也随之变大。这样，沙子下落的速度就会加快，所以，即便上部玻璃瓶的沙子全部落到下面，也用不到 10 分钟。

哪个零件是不合格的

有 13 个零件，外表完全一样，但其中有一个是不合格品，它的重量和其他合格品不同，而且轻重不知。请你用天平称 3 次，把它找出来。

如何才能找出这件不合格品呢？

先在天平的两边各放 4 个零件，如果天平平衡，说明坏的在另外的 5 个里，再称两次不难找到；如果不平衡，说明坏的在这 8 个中，此时要记住哪些是轻的，哪些是重的。剩下的 5 个是合格的，可以作为标准。然后把 5 个合格的放在天平的左端，取 2 个轻的，3 个重的放在右端。此时如果右端低，说明坏的在重的 3 个里，一次就能称出。照这个方法做下去，就能找到那件不合格品。

谁是真凶

有一名青年死在了一座 26 层高的大楼旁边。警方经过勘查后，断定死者是从这座楼的楼顶上坠落下来的。警方发现在这名死者的手心上用笔写着一个"森"字，好像是在暗示杀人凶手的名字，而只是因为时间有限只写了一个字。笔就落在他手边的地上，而且只有他的指纹。

看来的确是在坠楼的同时掏出笔写在手心上的。警方根据看电梯的人员举报，找到了案发当时也在楼顶上的 5 名嫌疑人。他们都与死者认识。找到他们之后，他们都说死者不是自己推下楼的。这5名嫌疑人分别叫：张宇、刘森、赵方、张森、杨一舟。这时警方想起了死者手心上的那个字，认定了杀人凶手。

警方是如何根据死者手心上的那个字认定杀人凶手的？为什么是他呢？

参考答案

凶手正是张森。从推理的角度来看，5个人中，如果凶手是赵方和杨一舟，那么被害人只写他们名字中的一个字就可以代表凶手了，因为没有与其他人名中相同的字，比如赵方的"方"或杨一舟的"舟"字，而"张宇、刘森、张森"这3个人的名字中有相同的字，如果凶手是张宇，被害人只写"宇"就可以了，所以不是他。同样，如果是刘森的话只写个"刘"就可以代表他了，所以凶手就只剩下张森了。

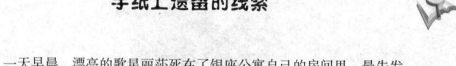

手纸上遗留的线索

一天早晨，漂亮的歌星丽莎死在了银座公寓自己的房间里。最先发现尸体的是她的经纪人。他看见她的房门没有上锁，以为是她太粗心了，便走进了她的房间里，但却不见丽莎的人影。只见卫生间的门是从里面闩着的，打不开，门缝底下流出的鲜血已经凝固。经纪人大吃一惊，他马上叫来公寓管理员，一起打开了卫生间的门，只见丽莎穿着睡衣坐在便池上，已经死了。死因是被匕首状的凶器刺中了背部。从现场来看，好像是丽莎在卧室遭到袭击后逃进卫生间，从里面插上门，以防凶手追击时断气的。警察勘查了现场，但没有发现任何可以成为凶手线索的证据，调查一时陷入了困境。

破解匪夷所思的谜案

事后，派出所的办案人员赶巧碰上好友刘侦探，于是便将案情和搜查中遇到的难题向刘侦探描述了一遍。刘侦探赶到了现场，很感兴趣地查看了被害人死去的卫生间。接着，他告诉办案人员，凶手是姓名中的拼音字头 A 和 K 的人。

刘侦探是从哪儿发现凶手名字的拼音字头的呢？

实际上，细心的刘侦探是在厕所的手纸上发现的。被害人逃进卫生间后，把手纸拉出几米长，用自己的血写下了凶手名字的拼音字头，然后再把手纸卷好。这样即使凶手撞开卫生间的门，也不必担心那血写的字母被发现。过后谁用手纸时就会发现血书而报告警察的。警察勘查现场时，没有检查手纸，是个疏忽。

我的房间在哪里

小哈升职了。作为公司的高级雇员，他被特许搬入公司新建的自动化住宅楼——双子大厦。

"你知道吗？今天有个新来的要搬进来。"

"呵呵……我知道你在打什么主意。老规矩，新来的捉弄他一下。"

"你们两个人又准备开谁的玩笑？带我一个。"

"好，我们就这样……这样……那样……"

"你好，我是小哈，来看新房子的。"

"是小哈！"大堂服务台的云柳查了查记录说，"噢，在这儿，这是你的ID卡。双子大厦房门都是用ID卡开的。千万别弄丢了。你的住房是在第十九层，找到后，把这个插在门上。因为十层以上还没装门牌号……"

"我还要自己找啊，不会打扰别人吧？"

"没关系，第十九层现在就你一个住客。"

小哈正兴奋地握着ID卡等电梯的时候，突然有人拍了拍他的肩膀。

"小哈，恭喜你啊。"

"是小浩啊，你升得比我快，搬来快一年了吧。我住在第十九层，你住几层啊？"

"第二十层，我给你介绍一下，这位是销售部的阿南。这位是公关部的小哈。"

"很高兴认识你……"小哈在和阿南握手时，眼球已经完全被阿南手上的一本杂志《花花公子》所吸引。

"啊，这不是现今最畅销的《花花公子》吗？"小哈兴奋地说，"能借给我看看吗？"

"好的，你先看吧。"阿南边说边把手里的《花花公子》递了过来。

"叮……"

"小哈，电梯来了。"小浩边说边把已被《花花公子》的内容深深吸引的小哈拉进了电梯。

"小哈，晚上有空一起去喝酒吗？"小浩问道。

"嗯嗯……"

"小哈，今天你请客哦。"

"嗯嗯……"

"叮……"

"好啦，到了，别看了！"小浩一把抢过《花花公子》说，"别忘了请客喝酒。"

"啊？我请客喝酒？"小哈一脸茫然地摸不着头脑。

"你刚才答应的！"小浩说，"这之前就先带我们参观一下你的新房吧。"

3个人在第十九层里转了老半天，总算是发现了一间能让小哈手中的 ID 卡刷得开的房间。

"就是这间了。"一进房，小哈迫不及待地跑到了阳台上，体验一下在自己的豪华公寓内观景的感觉。

"好了，先别感动了！"小浩催道，"时间不早了。我们去喝酒庆祝吧。"

"这么急干吗？"

"再不去，酒馆就客满了！"小浩把《花花公子》塞给小哈道，"这借你看行了吧，走啦。"

第二天早上，小哈伴着一阵头痛从梦中醒来。昨天晚上喝得实在是太多了。结果还是小浩送他回来的。洗漱一遍后，小哈又里里外外地参观了一下新居，还兴奋地在阳台上大吼了几声。

10点钟，小哈在门上插上了门牌，离开了。

下午2点，小哈带着一大堆行李回到了双子大厦。

"呀？怎么我的门牌不见了，是谁在搞恶作剧。嗯？ID卡也不管用了。这是怎么回事？这确实是我的ID卡啊。我还做了记号。难道我搞错房间了？"

小哈忙在第十九层的其他房间门挨个试自己的ID卡。但是整个第十九层都被刷遍了，也没能找到自己的房间。

小哈的房间究竟在哪里，前一天不是还打开过吗？

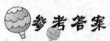

参考答案

原来，事情是这样的：阿楠骗小哈住进第十九层，其实是住在了第十八层。当然事先带了一本小哈喜欢的杂志。他们把小哈带到第十八层，进房间后，怕小哈发现楼层不对，赶紧要求去喝酒，并把那本杂志再次送给他，所以，下楼的时候小哈也未发现楼层不对。等喝醉后，小浩把他送到了第十九楼小浩自己的房间，等小哈出去再回来的时候，由于手上的ID卡是开始的时候的第十八层的ID卡，所以，打不开第十九层的房间。

邮票暴露的线索

这几天，斯德哥尔摩市的上空一直被阴云笼罩着，而马尔逊·巴克警探的心情也格外沉重。此刻，他正忧心忡忡地朝嫌疑犯的会计师事务所走去。这是一件很棘手的案子。有一个富家幼子被绑架，虽然付了大笔的赎金，可人质却没有生还。显然犯罪嫌疑人一开始就没打算归还人质，恐怕早已将碍手碍脚的幼儿杀掉了。从这一点来看，犯罪嫌疑人肯定是熟悉被害人的家庭内情的人。经过反复侦查，经常出入被害人家的会计事师务所的会计师坎纳里森被列为嫌疑对象。这家会计事务所就在左前方。让人觉得蹊跷的是，此前，这家事务所的生意一直萧条，而最近却忽然火暴起来，这不能不令人倍感不解。

巴克与他的同事走进了赫雷斯·坎纳里森会计事务所，只见坎纳里森正一张张地用舌头舔着邮票在往文件上贴。

"百忙之中，多有打扰，实在……"

"哦，又是为那桩绑架案吧？"坎纳里森一副不太情愿的样子，将两人让至待客用的椅子上坐下，"我的合伙人赫雷斯刚好出去了，所以我就不请两位用茶了，很抱歉。我因为身体不好，医生禁止我喝茶，只能喝水，无论走到哪儿也总是药不离身啊。"

他一直喋喋不休，似乎在有意隐瞒着什么，但巴克仍若无其事地说："不必客气。"

"要是有个女事务员就好了！可直到前一阵子，经营情况依然很糟，一直未顾得上聘请……"

"您是说已经摆脱了困境，那么请问，您是怎么筹到资金的呢？"

"嗯？不，资金到处都是……"

"请您说得具体一些，好吗？"

"一定要说具体吗？"

巴克端正了一下坐姿，"坎纳里森先生，您的血型是 A 型吧？"

"正如您说的，也许因为我同赫雷斯都是 A 型血，很多人都觉得不可思议，这是不是缘分呢……"

"我们从被送到被害人家的恐吓信的邮票的背面验出了您的指纹，而且上面留有 A 型血的唾液，您有舔邮票贴东西的习惯吧？"

"噢，您连这都知道……"

"还是让我来问您吧。您的钱是怎么筹措到的？"

"实际上……说起来你们恐怕不会相信，是我捡的。那是绑架案发生数日后的一天，刚好是在那边椅子的一旁，有一个被什么人遗忘的包，里面装的全是现金。"

"您告诉赫雷斯了吗？"

"没有。我想大概会有人来问的，便保存了起来。但始终没见有人来问，于是……我对赫雷斯说钱是我从我的亲戚、朋友那里张罗来的，因为前一段时间他干得颇有成绩，所以我也不想落后……"

坎纳里森战战兢兢，以为自己会被逮捕，但巴克他们因为没有证据，所以便起身告退了。这是个很大的失误。坎纳里森当天晚上便服毒自杀了。抽屉里发现了盛毒药的小瓶，但没有发现遗书。

巴克后悔不迭，为了消愁解闷，他同担任坎纳里森尸体解剖的法医随意攀谈起来。谈着谈着，法医忽然想起来了："对，对，死者是非分泌型体质。"

"糟了！坎纳里森不是绑架犯罪嫌疑人，他是被罪犯所杀，而又被伪装成自杀的。"巴克猛然醒悟了过来。

"到底是怎么回事，巴克？"同事问道。

"坎纳里森的会计师事务所的经营状况一旦好转，肯定还有一个受益者，那就是合伙人赫雷斯。而且，若将绑架犯罪嫌疑人的罪名转嫁给了坎纳里森，然后再伪装他是自杀，那么事务所就会悄然落到赫雷斯一

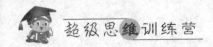

个人的手里。"

"可是，断定坎纳里森不是绑架罪犯的证据又是什么？而且，一个被医生禁止连茶都不能喝的人，又怎么可能让他喝毒药呢?"昨日与巴克同去的同事提出疑问。

"证据是有的，而且是有力的证据。"巴克不慌不忙地说道。

那么，巴克所说的证据究竟是什么呢?

参考答案

坎纳里森为非分泌体质，这就意味着其唾液、胃液、精液等分泌液中不分泌血液型物质。因而根据上述分泌液判断的血型容易被误定为A型。正因为绑架恐吓信的邮票后面的唾液是A型，所以才认定是坎纳里森的分泌物。由于赫雷斯不知个中原委，自以为同是A型血，才搞到了坎纳里森触摸过带有指纹的邮票，再由自己舔后贴在恐吓信上。坎纳里森自己舔过的，是工作上用的邮票。而他舔过的邮票中被赫雷斯事前涂过毒。至于抽屉中的药瓶，那是赫雷斯为了转移警方的视线而搞的鬼。

侦察员考试

有一年，部队派人下来带兵，想招收一名侦察员。考试的方法是：凡是参加报考的人都被关在一间条件较好的房间里，每天有人按时送水送饭，门口有专人看守。而且事先说好，只要你需要买的东西，当监考人员说我们可以替你代买时，你的买东西的请求，就算是满足了。考试的要求是，谁先从房间里有充分的理由走出去，谁就将被录取。

考试开始了。有人说头疼要去医院，守门人请来了医生；有的说母亲病重，要回去照顾，守门人用电话联系，说她母亲正在上班。还有其他人也提了稀奇古怪、乱七八糟的不少理由，都失败了。守门人就是不让他们出去。

最后有个考生走到守门人跟前说了一句话，守门人只好把他放了出去。

这个考生走到守门人跟前说了一句什么话，使得守门人不得不把他放了出去？

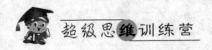

参考答案

这个考生走到守门人跟前说了一句："我放弃考试啦！我要回家。"守门人对一个放弃考试要求退出的人是没有任何理由拒绝他走出大门的。

第四章　想象成就推理细节

谁是烟袋的主人

古时候，有两个人各抓着长杆旱烟袋的头一起来到了县衙内。当县太爷问他们有什么事情时，他们两人就赶紧一起把手中的烟袋递到县太爷的面前，都争着说这杆长烟袋是自己家里的传家之宝，可是却被对方偷了去，求县太爷给自己做个明断。

县太爷看了看烟袋，又看了看他们两个人，都一脸真诚的样子，竟然一时难住了：这无头无绪无证人的案子可如何了断？

正在这个时候，县太爷身边的一位师爷走了过来，把嘴凑到县太爷的耳边，说了几句，县太爷立即眉开眼笑起来。对下面的这两个人说："这样吧，这管烟袋你们谁也别争了，本县我没收啦。不过，本县我不会白要，我会给你们烟袋所值的银两的，到时候你们平分就是了！"

"不过，本县我不会抽烟，只要你们两个各自在我面前抽上几袋烟，让我看看这烟袋如何使用，我就给你们钱，放你们回去。"

底下的这两个人都显得颇为无奈，一副不情愿的样子，但县太爷的话又不能不听，只好各自抽了一袋烟。两个人在抽完烟锅时，其中一个在烟灰吹不出来时，漫不经心地使劲往地上磕了几下烟袋，以便把里面

的烟灰磕出来；而另一个人则是轻轻地用小木片，小心翼翼地将烟灰轻轻地挑出来。

当两个人都依次抽完烟后，县太爷果断地把烟袋判给了那个将烟灰轻轻地挑出来的人。

县太爷为什么把烟袋判给了那个将烟灰轻轻地挑出来的人？

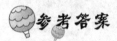参考答案

县太爷是对的。因为对于自己珍爱的传家宝，真正的主人会十分珍惜的。他绝不会漫不经心地随意磕碰它。因此，那位珍惜和爱护烟袋的人才是真正的主人！

洋娃娃的颜色

小雪买了一个非常漂亮的洋娃娃放在家里。小雪上学时把这事儿告诉了大家，她说她新买的洋娃娃样子漂亮，颜色也好看。因为她的同学们都没见过这个洋娃娃，于是大家就开始猜洋娃娃的颜色。明明先说道："我猜你买的洋娃娃肯定不会是绿色的。"亮亮接着说："我猜你买的洋娃娃不是白色的就是灰色的。"军军说："我猜你买的洋娃娃一定是灰色的。"

这3个人的说法当中至少有一种是正确的，至少有一种是错误的。至此你知道小雪的洋娃娃到底是什么颜色的了吗？

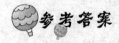参考答案

可以这样来思考：假设洋娃娃的颜色是绿色的，那么3个人的3句

话都是错误的；假设洋娃娃是白色的，那么，前两种的看法是正确的；假设洋娃娃是灰色的，那么，三种看法就都是正确的。因此，合理的答案只有一个，那就是小雪的洋娃娃是白色的。

国王的礼物

有一个老国王，到了晚年只有一个独生女儿。为了能为自己聪明美丽的女儿招到有真才实学的驸马，老国王伤透了脑筋。终于有一天，老国王想到了一个聪明的主意。老国王下诏书，通知全国上下任何未婚的男子都可以前来报名应招驸马。不过老国王出了一道难题给这些前来应

招的准驸马们：你可以前来报名，但是你们不能带任何礼物前来，但同时又不能空着手不带礼物前来。

所有一开始打算前来报名的人，在听到这道难题后，都纷纷摇头并无奈地退出了。只有一个小伙子十分聪明，他略微思考了一下，便胸有成竹地来到了王宫内。

国王对于他的表现十分满意，于是答应将女儿嫁给他，招他为驸马。

这个小伙子是怎么做到既不带任何礼物，同时又不空着手不带礼物去王宫的呢？

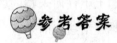参考答案

这个小伙子是这样做的：他带了一只小鸟进了王宫，然后当着国王的面又把小鸟放飞了。这样一来，他既没有带给国王礼物，又没有空着手不带礼物前来。

关于宝剑的风波

在北魏时期，有一位名叫谢希逸的人曾在孝武帝时做过御史大夫，并获得了一把由孝武帝亲自赐给他的一把宝剑。因为谢希逸同当时的朝中大臣鲁爽的关系很好，于是他就把这把孝武帝赐给自己的宝剑转送给了好朋友鲁爽。

可令人意想不到的是，后来鲁爽却背叛了孝武帝，成了叛臣。

这下可把谢希逸吓坏了！因为自己把皇上赐予的宝剑竟然送给了一个叛臣，这事情一旦被孝武帝知道，那可是百口莫辩啊，那肯定是杀头之罪呀。可偏偏就有一天，孝武帝突然想起了宝剑的事儿，就随口问身

边的谢希逸:"朕当年送给你的那把宝剑现在在哪里?"谢希逸不敢欺骗皇帝,所以只好坦白自己把宝剑送给了鲁爽。可就在孝武帝发怒的前一刻,他急中生智,为自己找到了一个开脱罪名的方法,于是就把这理由冠冕堂皇地讲了出来。一讲完这个理由,不仅保住了自己的性命,还重新获得了孝武帝的信任和赏赐。

谢希逸情急之下讲了一个什么理由呢?

参考答案

谢希逸理直气壮地说:"圣上,我送给鲁爽宝剑的目的是要惩戒他,让他自裁!一个臣子上不能报效国家朝廷,下不能保全妻子儿女,大逆不道,乱臣贼子,有何面目活在这个世上?!"

找出轻的那一筐

这里共有10筐苹果,每个筐里有10个苹果,共是100个,每筐里苹果的重量都是一样的,其中有9筐每个苹果的重量都是1斤,另一筐中每个苹果的重量都是0.9斤,但是外表是完全一样的,用眼看或用手摸都无法分辨出来。现在你能用一台普通的大秤,一次就把这筐重量轻的苹果找出来吗?

如何用一台普通的大秤一次就把这筐重量轻的找出来呢?

参考答案

把10筐苹果按1~10编上号,按每筐的编号从里面取出不同数量的苹果,如编号为1的筐里取1个,编号为5的取5个,共(1+10)

×10/2 = 55 个。如果每个苹果的重量都是 1 斤，一共应该是 55 斤。由于其中有一筐的重量较轻，所以不可能到 55 斤，只能在 54～54.9 斤之间。如果称量的结果比 55 斤少 x 两，重量较轻的就一定是编号为 x 的那筐。实际上，为了称量的方便，第十筐的苹果也可不取，一共取 45 个，最多 45 斤。如果称得的结果正好是 45 斤，说明第十筐是轻的。否则，少几两，就是编号为几的筐的苹果是轻的。

玻璃球的妙用

　　小王是一家水泥厂化验室的化验员。一天，在做水泥样本检测的时候，化验室里的硝酸用完了。班长对小王说："小王，你赶紧去库房领 5 升硝酸回来。"接着开了领取 5 升硝酸的领料单给小王，催他快去。小王接过单子心想：这次终于轮到我倒霉了，每次都不让领整瓶的，也不知道以前的工作人员是怎么领来的，只能走一步看一步了。这时，班长扭头看见了还在发呆的小王，于是大喊："小王，怎么还不快去？急等着用呢！"

　　没办法，小李只好去了库房，库房的工作人员见单子上写的是硝酸 5 升，当然不会让他拿走整瓶的。库房的工作人员也没有更好的办法，他们让小王自己想办法解决。小王发现库房里只剩下一瓶开了盖的硝酸，而且瓶子上只有 5 升和 10 升两个刻度，从液面的高度来看，里面大约还有 8 升的硝酸。而库房里其他的空瓶子都不带刻度。不过，库房里倒是散放着不少闲置的玻璃球。小王想：这个库房连合适的量具和器皿都没有，早就该报废了。虽然心里这么抱怨，但不能解决自己眼下的问题。抱怨归抱怨，可硝酸还是要领的。不然回去怎么交差？经过思索，皇天不负有心人，小王最终顺利地领取了自己所需要的 5 升硝酸。

　　小王究竟采用什么方法取得了这难得的 5 升硝酸？

其实方法很简单，把玻璃球放进装有硝酸的瓶子里，使硝酸的液面上升到 10 升的刻度，然后往空瓶子中倒硝酸，当液面下降至 5 升刻度处即可。

过桥的智慧

有一个农民老伯挑着两个竹筐从集市上往家赶。他卖完了货物，心里高兴，挑着空了的竹筐很是轻松。

当他走回到一座只能通过一个人的独木桥的中间时，从对面过来一个男孩。老伯本想退回去的，以便让小男孩先过桥，可是回头一看，不好了。为什么？因为身后又过来一个小女孩，她同样也快要走到他的跟前了。

这可怎么办？农民稍微想了一下，哦，有了！他终于想出了一个好办法，让他自己和两个孩子谁也不用退回去就能顺利过桥。

这位农民老伯究竟想了什么办法能让他自己和两个孩子谁也不用退回去就能顺利过桥呢？

参考答案

这位农民老伯是这样做的：他让两个孩子分别坐进他扁担下面的两个筐子里，然后他自己把扁担从右肩换到左肩上，这样一来，竹筐就前后换了位置，两个孩子就顺利过桥了。然后，他自己再把扁担从左肩换回右肩，继续过自己的桥。

破解匪夷所思的谜案

该怎样过河

有一位农夫要过河，他带了一只狗、一只兔子和一棵白菜。而在河边，只有一条旧船，船太小了，以至于农夫每次最多只能带其中的一样东西上船，不然就会有沉船的危险。可是，农夫如果把菜带上船的话，调皮的狗就会欺负胆小的兔子，而如果把狗带上船的话，贪吃的兔子会把白菜吃掉。这可怎么办呢？于是发愁的农夫坐在河边想了很久，终于，想出了一个好办法。

农夫是怎么做到既把所带的东西全部运过河，又不出现狗欺负兔子或者兔子吃白菜的情况呢？

参考答案

农夫是这么做的：第一步，农夫先把兔子运到对岸，然后空手回来；第二步，农夫把狗运到对岸，把兔子再带回来；第三步，农夫把兔子留下，带菜到对岸，农夫空手回来。最后，农夫带兔子到对岸。这样三样东西都带过河去了，一件也没有遭受损失。

国外的来信

小明收到一位朋友从国外发回来的信。信的内容是这样的："今天是我们来到以色列的第五天。我们去了它和约旦接壤的国界附近。那里有一个湖，湖水很清澈，于是我们就在那里的湖中痛快地游了一次泳。这游泳的感觉真是太棒了！以前，大家一直嘲笑我是一个不会游泳的旱

鸭子，可这一次，我发现我的表现实在是超乎寻常的棒。我突然发现游泳真的是一种享受。在湖水里，我既能够游自由泳，也能够游仰泳。而当我伸展我的四肢，自由地浮在水面上仰望蓝天和白云时，我觉得自己简直像是进了天堂。而当我吸一口气潜入水下时，感觉也很爽。事后我才知道，我的那一下潜水，深度竟然达到了海平面以下 390 米。告诉你，我可是没有使用任何的潜水工具哟。说了这么多，你可能认为我是在撒谎，但我不得不说，我说的每一句话，都是千真万确的哟，只不过，游泳之后皮肤感到很粗糙罢了……"

读了这封信后，小明觉得他的朋友要么是在吹牛，要么是在编故事开玩笑。那么，他说的真的是无稽之谈吗？这封信的可信度有多少呢？

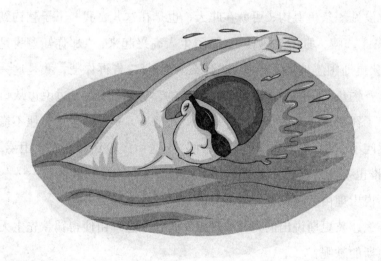

 参考答案

事实上，小明的朋友没有吹牛，因为他游的是著名的死海。因为死

海的水中所含的盐分很高，大约是一般海水的7倍，因此浮力很大，大到人在水中根本就不会下沉的程度。死海的水平面本身就比海平面低390米，所以只要下潜哪怕一点点，也就到了海平面以下390米以下了。因此，小明的朋友没有说谎，这么写信，让小明大动了一番脑筋。

你知道我是谁吗

著名的英国小说家狄更斯在湖边悠闲地钓鱼。这时，一位陌生人来到他跟前跟他搭讪："您好，这里能钓上鱼来吗？""噢，当然能啊！"狄更斯热情地回答说。"可没见你钓上来啊！""就是呢，今天钓了半天，也没见一条鱼上钩；可就在昨天，也是在这儿，我一下子就钓到了15条呢！""噢，真的是这样吗？"陌生人高兴起来："那你知道我是谁吗？"狄更斯困惑地摇了摇头："什么意思？""告诉你吧，我是这一带专门检查钓鱼的。因为本湖是禁止钓鱼的，违者罚款。"边说边从口袋里掏出了罚款单，准备开写罚款单。见此情景，狄更斯乐了，他不慌不忙地反问了一句："那你知道我是谁吗？"这一次轮到罚款先生困惑了："你是谁也要罚款啊！""我就是作家狄更斯，你无法罚我的款……"当狄更斯说出理由后，罚款先生还真的拿这位作家毫无办法。

那么，狄更斯说出的是什么理由？为什么这理由使得罚款先生无法罚狄更斯的款呢？

 参考答案

当时狄更斯说出了一个无可辩驳的理由：我的职业是作家。作家的本职工作就是虚构故事。刚才我说的昨天钓了15条鱼，那是我的虚构。

快和慢的竞赛

古时候，一位老人已经奄奄一息。他觉得自己不行了，于是，把两个儿子叫到床前，说："你们骑马到西山然后再回来，谁的马跑得慢，咱家的家产就归谁。"两个儿子因为都想速度慢，所以就都缓缓而行。一个过路人见他们颇感奇怪，就问是怎么一回事。当问明原因后，这位过路人就对这两个儿子说了一句话。这一来不要紧，这两个儿子马上就快马加鞭，疯了一般地向西山驰骋而去，唯恐被对方落下。

那么，这位过路人究竟说了一句什么样的话呢？

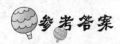参考答案

当时，那位过路人说："你们这样比，到啥年月才能比出结果？照我看，你们不如这样，把你们的把马换过来骑"。一旦换过马来，谁跑得快，谁就成为胜利者。因为父亲说的是谁的马慢。快与慢是相对的，问谁的马慢与问谁的马快是一回事。只是问题的角度变换了而已。

贪心的袋子

有一次，县令外出，看到一群人正围着两个人议论纷纷，便命令停轿下去查问。

这时，一个中年胖子立刻跪倒在地，对县令说："我装着 15 两银子的钱袋被这个年轻人捡到了。可是，他说钱袋里只有 10 两银子，偷走

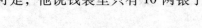

了我的 5 两银子。"

那个年轻人一听急了,急忙跪下分辩说:"老爷,今天早晨我去给我妈买药,捡到一个装着 10 两银子的钱袋。因为着急,就先回家送药。送药到家后,我妈催我赶紧回来等待失主。可这位先生来了,硬说这袋子里面是 15 两银子!"

大家都很生气,都说这个胖子一贯不老实,这次又是在讹人。大家都替年轻人喊冤。县令一看这种情况,就问胖子:"你丢的银子真的是 15 两吗?你确定?"

"回老爷话,确确实实是 15 两银子,我确定。"胖子十分肯定地回答道。

县令说,既然这样,那我明白了。是这样的……

县令当即对胖子说了他的处理决定,大家一听,都乐了,周围的人全都拍手称快,只有那胖子,蔫了。

那么,县令究竟是如何判定这个案子的呢?

参考答案

当时,县令说:"既然你确定你丢的袋子里的银子是 15 两,而不是 10 两,那么这个袋子就不是你的!那你就在这里继续等你的装有 15 两银子的袋子好了。"

用蚊香来计时

小白在商店里买了一盒蚊香。说明书上说每一卷蚊香可点燃半个小时。

他想用这些蚊香测量 45 分钟时间,如何操作?

先将一卷蚊香的两端同时点燃。当点燃两端的蚊香烧尽时，再将另一卷蚊香的一端点上火，等燃烧尽后，便是 45 分钟的时间。

该怎样避开小狗

有一只小狗，被用一根 10 米长的绳子绑在木桩上，绑木桩的那端是绑牢的，无法转动。小高以木桩为中心站于狗的反侧。小狗打算咬小高，所以拼命追着他跑。小高于是沿着半径 10 米的圆周而逃。最终，成功避开了小狗的追逐，获得安全，

小高是如何成功地避开小狗的追逐，而获得安全的？

参考答案

由于狗被绑在木桩上。当它沿着圆圈移动时，绳子就会愈来愈短，因此咬不到小高。

最高的地方

一次，小百合和红玫瑰二人一起乘船在西太平洋上旅行。突然，红玫瑰开口说："此处的标高为地面上的最高的地方。"小百合初时甚为不解，觉得红玫瑰的话不可思议，后经红玫瑰说明后，恍然大悟，觉得

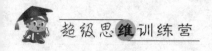

确实是这样。

正在乘船的红玫瑰说的"此处的标高为地面上的最高的地方"可能吗?

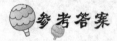参考答案

红玫瑰说的"此处的标高为地面上的最高的地方"是对的。因为,当时船正航行于马里亚纳海沟之上。此处是世界上最深的海沟,深度为11 034米,而珠穆朗玛峰海拔才不过8 848.13米。

分开卖怎么亏了呢

有人在街上卖菠萝,1元钱一斤,他的一箱菠萝有10斤重。

有个买菠萝的人说:"我全都买了,回去做罐头。麻烦你帮我把皮削下来,里面的部分算7角钱一斤,另外,不会让你亏的,皮我也要,算3角钱一斤。这样加起来还是1元,你说好吗?"

卖菠萝的人想了想,7角加3角正好等于1元,没错,于是就同意了。

他把菠萝皮削了下来,里面的部分一共是8斤,皮是2斤,加起来10斤。8斤里面的部分是5.6元,2斤皮6角钱,共计6.2元。

卖完菠萝后,卖菠萝的人觉得钱好像不够,后来越想越不对,原来是算好了的,10斤菠萝明明可以卖10元,现在怎么只卖了6.2元呢?可刚才的账也对啊,这是怎么回事儿呢? 我的那3.8元钱哪儿去了呢?

那么,卖菠萝的那3.8元钱究竟哪儿去了呢?

一定要明白，菠萝原本是1元钱一斤的，也就是说，不管是里面的部分，还是外面的部分，都是1元钱一斤的。而分开以后，里面部分只卖了7角钱1斤，少卖了2.4元，而外面的皮则只卖了3角钱1斤，少卖了1.4元，这当然要赔钱了。卖菠萝的那3.8角钱，就是被这两种算法的差价吃掉啦。

遭算计的劫机犯

飞机起飞30分钟后，两名男子冲进后舱的配餐室，端着手枪对着空中小姐，要她接通机长的机内电话。劫机者中有一个从她手中抢过电话："是机长吗？你好好听着！这架飞机被我们劫持了，空中小姐是人质。下面请按我的命令行事。首先让全体乘客都系上安全带。"

"明白。你们劫机的目的是什么？"机长应答着。

"这个以后告诉你，快点儿指示系安全带！"劫机者随即挂断了电话。

机内马上显现出了系好安全带的信号。客舱中顿时嘈杂声四起，但大家都根据指示开始系安全带。

"你们，也都坐到空着的座位上系上安全带！"劫机者命令着乘务员，又抓起电话与机长通话："现在我要到你那里去，把驾驶舱的门给我打开。不要做蠢事！这里我的同伴已经把乘客作为人质。"

"知道了。你来吧，我们谈谈。"

两名劫机者端着手枪出现在客舱。一边缓步穿过过道，一边确认乘客是否都系上了安全带。其中，一人站在过道中间大声地宣布：诸位，

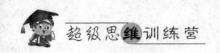

该机被我们劫持了，我们不打算伤害诸位，到达目的地后就会释放女人和孩子……"

但是这种有滋有味地演讲还没有讲完，几秒钟后，事态就发生了迅速的转化，这起劫机事件就很快地落下了帷幕，两名劫机者丝毫没有做抵抗就被乘客们制服了。

两名劫机者的演讲还没有完，就被乘客们制服了。这是为什么？

就在劫机者讲演的时候，机长操纵着飞机迅速下落了大约50米，紧接着又上升了大约30米，这造成了"空中陷阱"现象。由于两名劫机者站在过道上没有系安全带，所以头重重地撞到了机舱顶上，倒下休克了。而由于乘客和乘务员们都系着安全带，所以平安无事。而所谓"空中陷阱"，也称作"紊流"，是指高空中因气流下降等原因而使飞机突然下落的现象。

女驯兽师之死

马戏团的这只狮子已经和女驯兽师合作过无数次了，每一次女驯兽师在演出的时候，都会把头伸进它的嘴里，它都很配合，从来不弄伤女驯兽师。

而这一次的演出却不同，当女驯兽师把头伸入狮子嘴时，狮子做出了一个仿佛是在微笑的表情，随后便出人意料地一口咬碎了她的头。

经过调查知道，在表演之前，这只狮子吃过许多的肉，所以不可能是因为饥饿才咬死女驯兽师的。而且这只狮子也不可能是处在发情期内，因为按照规矩，马戏团是不会让处于发情期内的猛兽上台表演的。

刘侦探在经过调查和思索后终于知道了凶手是如何设计杀死女驯兽师的。

那么，凶手是如何设计杀死女驯兽师的呢？

参考答案

　　这是一宗巧妙地利用狮子的生理特点杀人的案件。狮子的微笑表情实际上是它想打喷嚏的表情。凶手事先暗中把一种刺激性很强的药物喷在女驯兽师的头发上。当女驯兽师在台上把头伸入狮子的口中时，狮子因受到药物的刺激而打了个喷嚏。由于狮子的力气太大，嘴的一张一合有惊人的力量，所以便不能自制地咬碎了女驯兽师的头颅。

卧铺车厢的旅客

19 时从北京站发出的特别卧铺列车"东风 2 号",在第二天 10 时 27 分正点到达终点站上海新客站。可是,1 号车厢的一名乘客却离奇地失踪了。列车从北京站发出后不久,列车员在换卧铺车牌时,那个乘客就已经换上了车上用的睡衣,正在折叠换下的西服。但是,在第二天的早晨,当列车通过南京时,列车员前来整理床铺,那个乘客的铺已经空了。因为皮箱还在,因此列车员以为是去厕所或者是洗脸间了。然而,到了终点站上海新客站,仍然不见那个人的踪影,所以列车员便马上报告了乘警。

"因为车门不是手动的,所以绝对不会是在深更半夜去厕所睡迷糊了而从车门掉下去。估计是在徐州或者蚌埠停车时,到站台上去散步而被列车落下了。"列车员对乘警说。

"可是我们没有接到任何车站的联络,而如果是被绑架,强行在中途站被带下车,那么他穿着睡衣下去不是太扎眼了吗?"乘警对这一失踪案件直摇头,莫名其妙。

这位乘客的遗留物只有一只皮箱和一本杂志以及在北京站买的一盒果脯。打开皮箱一看,里面有一身西服和衬衣,还有领带以及一套洗漱用具。西服的上兜里装有一千元现金和笔记本、名片夹,以及北京市内的公交卡、手帕、卫生纸等。根据名片夹里的名片推断,失踪者是建设银行朝阳区分行下面的某代理储蓄所所长顾小林,年龄 42 岁。

"遗留物就是这些吗?"

"是的,就是这些。"

"这样看来,此人既不是被绑架也不是被车落下了,而是本人故意失踪的。如果他真的是银行的人,那一定是贪污了巨款躲藏起来了。"

乘警断定说。

那么,乘警为什么断定说乘客是自己故意失踪的,他根据什么证据下了这样的判断呢?

参考答案

遗留物中没有车票和卧铺票就是证据。如果是在深夜就穿着睡衣被绑架了,或者是在车站被列车落下了,那么,车票就会留在西服的口袋里。由此看来,此人一定是在车厢中准备好了另外一套衣服,在中途换上后,拿着睡衣在中途的车站悄悄地下车躲起来了。

凋零的玫瑰

威恩·海克特租用的房间只有一扇窗和一扇门,而且都在里面锁上了。警察们小心翼翼地弄开房门,进入房间,只见海克特倒在床上,中弹死了。

警官打电话给海尔丁探长,向他报告了情况:"今天早上第103街地铁车站那儿卖花的小贩打电话来报的警,说海克特在每个星期五晚上都要到他那里去买13朵粉红色的玫瑰,这种情况已经十个年头了,期间从未间断过,可是这两个星期他都没有去买。那小贩有点儿担心出事,就给我们打了电话。"

从现场的初步调查来看,海克特先生好像是先锁上了门和窗,然后坐在床上向自己开了枪。他向自己的右侧倒下去,手枪掉到了地毯上。开门的钥匙就在他自己穿的背心口袋里。"

"那他买的那些玫瑰怎么样了呢?"探长询问道。

"那些玫瑰花都装在一个花瓶里，花瓶就放在狭窄的窗台上，花都已经枯萎凋谢了。另外，根据我们的分析，海克特先生死亡至少有8天了。"

"房间的整个地板都铺了地毯吗?"

"是的，一直铺到了离墙脚一英寸的地方。"警官回答。

"在地板、窗台或者地毯上有没有发现血迹?"

"只有一点儿灰尘，没有别的东西。只在床上有血迹。"

"如此说来，你最好派人检查一下地毯上的血迹!"海尔丁说，"有人配了一把海克特房间的钥匙，开门进去，打死了正站在窗边的海克特，然后，凶手打扫清洗了所有的血迹，再把尸体挪到了床上，制造了好像是自杀的假象。"

海尔丁探长为什么推断海克特先生是被人谋杀的呢?

放在窗台上花瓶中的 13 朵玫瑰，在房间里搁了两个星期后早已枯萎凋谢，而在窗台、地板和地毯上都找不到落下的花瓣。甚至整个房间"只有一点儿灰尘"而"没有别的东西"。这说明这些花瓣是凶手在清除血迹时一同清除掉了。

神秘的咖啡杯

从几天前开始，推理作家江川先生就在美嘉饭店埋头写他的小说。

这一天晚上，他写不下去了，便在饭店附近散步，调整一下自己的情绪，恰巧，碰到了私家侦探刘惠民。

"噢，是刘侦探，难得见面。你这副打扮，是在跟踪谁呀？"江川先生盯着刘侦探问道。

平日西装革履的刘侦探，今天晚上穿着破旧的毛衣，戴着一顶毛线织的滑雪帽，穿着拖鞋，打扮得像个穷画家。

"这是为侦查而装扮的。你在这里干什么呀？"

"和平日一样，闷在这饭店里当罐头呀。好久不见了，喝一杯怎么样？"

"对不起，我正在戒酒。"

"咖啡怎么样？这个饭店的咖啡是很不错的。"

"可是，我这种装扮进饭店，不合适的。"

"不要紧，可以在我的房间里招待。实际上，我正想请你帮忙。"江川极力地劝说着。他们两个从登记处一处不常用的侧门进入饭店，上了电梯。

江川先生的房间，是九楼的 905 号房间，房间里有一个不大的会客室和卧室。

"在这么高级的房间里写作呀！"刘侦探像看稀奇似的打量着房间。

会客室的桌上，乱七八糟地堆放着稿纸和书本，两人进卧室后江川先生向饭店里要了咖啡和三明治。

"我必须在下周交一篇短篇推理小说，但却始终想不出有趣味的阴谋，难以下笔呀，你那里有什么素材吗？"江川说。

"私家侦探处理的案子，大都是些普通案子，对你写推理小说没有多大用途。"

"随便谈谈吧。交稿的期限马上就要到了，请帮帮忙吧。"

"既然你说得这么急……"刘侦探就把最近处理过的两三件案子告诉给江川，但江川觉得价值不大。

"没有更奇特的案子吗？"

"这可是很难编造的！如果有那种奇特的犯罪，我也就不会做私家侦探，而去当推理小说作家了。"

正在这时，响起了敲门声。

"啊，刘侦探，杂志社的记者来访。对不起，你先坐一会儿吧。"

"如果打扰您，那我就先回去。"

"别这样，再和我聊聊。采访的时间很短，马上就会结束。在这段时间里，请您帮我想一个新奇的犯罪故事。"

江川先生说完，就把刘侦探留在了卧室。然后他带上门去会客室招待记者去了。

记者进屋后，拿出录音机，立即开始了采访，他发现卧室里传出了电视机的声音，迟疑了一下，问江川："先生，有什么客人吗？"

"朋友来了。"江川先生回答说，但记者已经私下在心里认为是江川带来了女人，所以，只采访了 30 分钟便草草地收场走了。

江川先生回到卧室，刘侦探还在那里看电视。

"让你久等了，很对不起。"江川坐到自己的位置上，准备喝刚才剩下的咖啡，一看桌上，忽然发现自己的咖啡杯不见了。

"哎，我的杯子呢？"

"刚才你不是带到会客室里去了吗？"

"不，不会，我记得确实是放在这儿的。"尽管这样说，江川还是到会客室找了一遍，但依然没有找到自己的咖啡杯。

"一个杯子算什么！"

"当然算不了什么，可是事情太奇怪了。"

江川再次到处寻找时，看到了刘侦探诡秘的微笑。

"啊，是你干的，把杯子藏起来了想骗我吧？"

"哪里的话，我一步也没有离开卧室。如果怀疑，你就尽力找吧。"

江川开始认真地寻找，因为是饭店的房间，其实也没有多少地方好找，他在床下、桌子抽屉、电冰箱里、衣柜中都找遍了，依然没有发现咖啡杯。

"啊，我知道了，你从窗子那边扔出去了。"江川打开窗户看着楼下的地面。

房间在九楼，距离地面大约有 30 米，在夜晚，完全看不见地面。

刘侦探微笑着说："如果从窗子扔下去，杯子就会摔得粉碎！我想搞点儿恶作剧，也不至于如此过分啊！"

这时，又有人敲门。

"是谁？在这种时候？"江川先生一开门，只见饭店侍者站在门口，手中拿着白色的咖啡杯。

"我把杯子给您送回来了。"

江川目瞪口呆地问："这杯子放在了什么地方？"

"这间房下面的院子里。"

"院子里？你怎么知道是我的杯子呢？"

侍者让他看了杯子外面写的字，特种笔在杯上写着："把这个杯子送到 905 号房。谢谢！江川。"

"多谢，辛苦了。"刘侦探斜视着呆立的江川，把小费递给侍者。年轻的侍者推辞了一下，还是带着莫名其妙的表情收下了。

"刘侦探，这一定是你干的，你收买了那个侍者，让他把杯子送来的吧。"

"你这样的胡猜没有道理。今晚只是与你偶尔相遇罢了，是被你强拉到这家饭店的，我怎么可能事前与侍者商量好呢？"

"我刚才在接受采访的时候，你可以偷偷地地给登记处打电话呀。"

"那么，请你找登记处核实一下好了。"

江川的好奇心非常强烈，他立刻打电话问登记处。

"怎么样？"刘侦探微笑着问。

"你说得不错，果然没有。"

"看吧，这个杯子一定是你喝过的杯子，你好好看看这杯子边上，你是左撇子，用左手拿杯子喝咖啡，所以咖啡污痕在这边。正好与右撇子的相反。"

"不错——但是，这个薄薄的瓷杯，怎么会从九楼高高的窗户落到下面院子里去的呢？说不定是你用绳子从窗户吊到院子里去的吧？"

"那么，长绳在哪里呢？你看，我可是连根细绳都没有啊，如果把咖啡杯换上精巧的玻璃工艺品或翡翠工艺品，不就是一件有趣的窃案了吗？这手段可以写推理小说了吧，而且，在这样的场合，必须让读者知道，罪犯受过检查，没有带绳子。我不打算写书，你慢慢思考吧，时间不早了，恕我失陪了。"

说完，刘侦探立刻回去了。

第二天一大早，刘侦探就被电话铃声给吵醒了，电话是江川先生打来的。

"刘侦探，咖啡杯的谜被我解开了。"江川兴奋地说。随后，他说出了刘侦探所用的手段。

"呵呵，不错，只用了一个晚上就解开了。不愧为推理作家呀，呵呵呵！"

刘侦探究竟是用什么样的方法，从九楼把咖啡杯放到下面院子里的呢？而且放下去之后，咖啡杯还完好无损。

 参考答案

刘侦探是戴着毛线滑雪帽的，在江川接受杂志社记者采访的期间，他把帽子拆了，然后用长长的毛线穿上咖啡杯的把手，用双线悄悄地从窗子外放到了地面上，然后再放开一个头儿，把毛线收回，收回的毛线卷成团，从窗户扔到了很远的地方。毛线是非常结实的，提一个杯子是绝对不会断的。

死者的身份

日本推理作家赤坂京正在赶写一部书稿，虽然交稿的日期就要到了，可他被刚才的一则赛马消息给吸引住了，满脑子想的都是明天的菊花奖得主会是谁。

正在此时，老朋友小西突然来了，一副疲惫不堪的神态，无精打采。

"小西，看你那副样子，一定又是遇上了什么棘手的案子了吧？"

"嗯，是的，就是那件焚尸案。"

"啊，是那件案子啊，难道凶手还没有抓到吗？"

"别说凶手，就是连死者的身份，至今还没有搞清楚呢，难办呀。"小西诉苦说。

焚尸案说的是上个星期天的早晨，在郊区的杂木林里发现了一具被烧焦的男尸。凶手杀了人后，为了不让人知道死者的身份，而在深夜移尸至此，浇上汽油焚烧了。

"全身都烧焦了，漆黑一团，一点儿线索也没留下。可奇怪的是，上衣口袋里装着的十几块方糖，因为压在尸体的下面而没有烧化。"

"方糖？奇怪，被害人在身上带方糖做什么用？那么，在离家出走或者去向不明的人中，有没有这种情况的人呢？"

"这种情况的有 3 个人。"

"什么？这种情况的有 3 个人？"

"是的，一个是卖马票的酒店老板林田，星期六的晚上，在酒吧喝了酒之后去向不明。据说当时他身上还带着 10 万元现金。"

"那么，很可能是图财害命喽。"

"另一个是南川，一个年轻能干的公司职员。据说从大学时代就喜欢骑马。说是星期六中午去骑马俱乐部练习，离开职员宿舍后，就再也没有回来。"

"失踪的理由是什么呢?"

"他是一个花花公子，也许是被恨他的女人给杀了。"

"那么，第三个人是谁?"赤坂京递过来一罐啤酒，感兴趣地问道。

"叫北原，是赛马报的记者，星期六没去采访，而是一大早就钻进了麻将馆，一直赌到晚上9点多钟，说是去洗桑拿浴，此后便去向不明了。"

"有被干掉的动机吗?"

"上个月，他发表了一篇关于赛马场比赛舞弊事件的报道，所以很可能被人怀恨在心干掉啦!"

"这3个人全是单身吗?"

"是的。所以才无法详细地了解他们的私生活，也就没有办法确认尸体的身份，因此才感到十分棘手。3个人的年龄、身高都很接近，而且不可思议的是血型也一样。"

"从齿型就无法辨认吗?"

"死者的牙没有在近10年内接受过治疗的痕迹。"

"那指纹呢?"

"也不行了，两只手的10个手指头全部都烧焦了。"

"什么办法都不行啊，可是，3个人却都和马有关，真是奇妙的巧合啊。"

"我觉得你又是推理作家，又是赛马迷，一定会有什么好主意，所以才抱着很大希望来请教你的。"小西一边喝着啤酒，一边看着赤坂京，想尽快听到这位好友的高见。

赤坂京对记下的3个人的名单看了一会儿，忽然，注意到了什么："哦，原来如此啊，明白了，死者就是他。"

那么，赤坂京指出的死者究竟是谁呢，他又是根据什么判定的呢?

参考答案

　　3个失踪人的特征基本一样，很难断定，但那具烧焦的尸体上带着方糖，这是一条重要的线索。一个男子身上带着方糖出门，按一般人的想法是不可能的事，除非是有什么需要才会带着。这样一想，那具尸体的身份就很清楚了。他就是骑马爱好者南川。因为方糖是骑马俱乐部的骑手们在练习骑马时喂马常用的。

第五章　鲜为人知的勘查

帽子的颜色

　　一家店铺要招聘一名伙计。这一天，来了一胖一瘦两个人。面谈和观察干活后，店主发现两个人都很优秀。店主一时无法选择，而他只想聘用一名伙计，于是，他想出了一个能把二人分出高下的有趣的主意。店主把两个人带进一间黑暗狭窄的屋子。店主打开灯，然后指着一个橱柜对两个人说："柜子里总共放着 5 顶帽子，其中两顶是红的，三顶是黑的。一会儿，我会把灯关掉，然后我们 3 个人每人摸一顶戴在自己头上。之后我关好柜子，再打开灯。这时你们俩要说出自己头上戴的帽子是什么颜色的，谁说得快，而且准确，我就雇用谁。"

　　两个人都觉得这个方法公平，便欣然同意了。于是店主关上灯。3 个人迅速各自摸了一顶帽子戴在自己头上。当店主重新把灯打开之后，那两个人同时看到店主头上戴了一顶红色的帽子，赶紧互相看了一眼；略一迟疑，那个胖子立即抢先喊道："我知道啦，我头上戴的帽子是黑颜色的。"

　　于是，胖子被正式录用了。瘦子也毫无怨言地离开了。

　　胖子是如何知道他自己所戴的帽子的颜色的呢？

参考答案

因为柜子里一共只有两顶红色的帽子。当打开灯的时候，店主的头上已经戴了一顶红颜色的帽子，这是胖子和瘦子同时看到的。如果瘦子再看见胖子头上的是红颜色的，瘦子会立即判断出自己戴的是黑颜色的。同样，如果胖子再看到瘦子戴的是红颜色的，也会立即作出同样的判断，说自己戴的是黑色的。可是灯亮之后，两个人却都迟疑了一会儿，因此，胖子立即猜到这肯定是他们两个人头上所戴的帽子都一样颜色的，而且绝不是红颜色的。所以，胖子马上抢先说出了正确的颜色。

划船的男人

桥下浮起了一个溺水身亡的女孩的尸体。对于这个女孩，周围的人们一无所知。警察正在为侦破这个案子发愁，一筹莫展。正在这时，有个男人划着小船急速地由前面向桥这边驶过来，他向警察提供了这样的证词："刚才我向桥下划船过来时，确实亲眼看见了这个女孩在桥上脱下了帽子，随后跳下了河。"

看着他满脸憨厚、语句真切的样子，周围的人们一下子全都相信了，纷纷议论起来。

可是精明的警察，略一思索，一下子就识破了这个男人的谎言。

请问，精明的警察是如何识破这个男人的谎言的？

参考答案

人在划那种手划船的时候，船行驶的方向与划船人的面部方向是相反的。所以向着小桥急速划来的那个男人，是背部面向小桥的，所以他根本不可能看见在桥上所发生的事情。

弟弟是不是凶手

兄弟两人为了争夺家产反目成仇。一天，哥哥被发现死在了街头，而弟弟从此也失踪了。

警方在现场侦查，发现了这样一些基本资料：

死去的哥哥的血型是 A 型，而在他身上，还发现另外一些 AB 型的血液，是属于凶手的。

警方继续查证后，发现死者父亲的血型是 O 型，母亲的血型是 AB 型，但失踪的弟弟的血型却不清楚。

如果仅凭以上这些资料，是否可以认定失踪的弟弟是凶手呢？

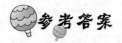参考答案

根据现有的血型资料来看，弟弟不可能是凶手。因为 AB 型和 O 型血液的人结婚，子女不会是 AB 型的血型的。

紧闭的抽屉

当警官一走进死者张老板的办公室，刘秘书立即就迎上前说："除了桌子上的电话，我可什么也没有碰过。当时我立即就给你打了电话。"

张老板倒在办公桌后面的地毯上，右手旁边有一支法国造的手枪。

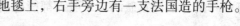

"张老板叫我到这儿来一下，"刘秘书说，"我来到之后他立即破口大骂他的妻子和我。我告诉他一定是他弄错了。但在气头上的他已经变得完全无法自制。突然，他歇斯底里地大叫：'我非杀了你不可！'说着，他拉开了办公桌最上面的这个抽屉，拿出了一支手枪对着我就开了一枪，幸好没有击中。在万分危急之中，我不得已只好自卫。这完全是正当防卫。"

警官熟练地将一枝铅笔伸进手枪的枪管中，将它从尸体边挑起，然后拉开桌子最上面的抽屉，小心翼翼地将枪放回原处。

当晚，警官对属下说："刘秘书是一名私人侦探。他的手枪是经注册备案的。我们在桌子对面的墙上发现了一颗法国造手枪弹头，就是刘秘书所说的首先射向他的那颗。那支枪上虽留有张老板的指纹，但他并没有持枪执照，所以我们无法查出枪的来历。不过，现在有证据可以立案指控刘秘书的蓄意谋杀了。"

你知道刘秘书在哪儿露出马脚了吗？

参考答案

刘秘书声称他除了电话什么也没有碰过，并且说张老板冲动地拉开抽屉，拿出手枪抢先向他射击。但是，即使是一个最稳重细致的人，在这种情形之下也不会先关上抽屉再开枪。当时，警官注意到了那抽屉是关着的。

如何使用砝码

用天平称量物体的重量时，总少不了砝码。用 1 克、2 克、4 克、8 克……的方法设置砝码，一般人都能想到，但这种方法需要的砝码数量太多，实际上，完全可以用得少一些。请你重新设计一个方案，只用 4 个砝码就能用天平称量 1～40 克的全部整数克的物体的重量。

只用 4 个砝码就能用天平称量 1～40 克的全部整数克的物体的重量，该用怎样的一个方案呢？

参考答案

只要你能想到天平两端都可以放砝码，这个问题就不难解决了。所需要的砝码是：1、3、9、27 克四种规格。例如：被称量物体加 1 克砝码与 9 克砝码相等时，被称量物体的重量为 8 克，也就是等于两个砝码的差。

六个人的角色

美国旧金山市发生了一桩凶杀案，共有 6 人与该案有关系。他们是：证人、警察、法官、凶手、死者以及执行任务的法警。死者被凶手用枪击中，当场身亡。证人虽然先听到死者与凶手口角，继而又听到枪声，但并未亲眼见到。等他赶到现场时，凶手已经逃跑了。后来侦破此案，捉住了凶手，判处了死刑。

上面所说的 6 个人，姓名为彼得、伊凡、克雷、霍格、麦克、华尔，每个人的姓名，任意排列，不以上述职务为序。

已知：

1. 麦克不认识凶手和死者。

2. 在法庭上，法官曾向克雷问过关于本案的经过情形。

3. 华尔最后见到彼得死去。

4. 警察说，"我看到伊凡离开出事地点并不远"。

5. 霍格和华尔彼此从没见过面。

请推断与此案有关的这些人的姓名和职务。

参考答案

　　死者是霍格，法警是华尔，凶手是彼得，证人是伊凡，警察是克雷，法官是麦克。

女人该如何过桥

4 个女人要过一座桥。她们都站在桥的某一边，要让她们在 17 分钟内全部通过这座桥。这时是在晚上。她们的手里只有一把手电筒。每次最多只能让两个人同时过桥。不管是谁过桥，不管是一个人还是两个人，必须要带着手电筒。而且手电筒必须要传来传去，绝对不能扔过去。每个女人过桥的速度不同，两个人的速度以较慢的那个人的速度过桥为准。

第一个女人：过桥需要 1 分钟；

第二个女人：过桥需要 2 分钟；

第三个女人：过桥需要 5 分钟；

第四个女人：过桥需要 10 分钟。

比如，如果第一个女人与第 4 个女人首先过桥，等她们过去时，已经过去了 10 分钟。如果让第 4 个女人将手电筒送回去，那么等她到达桥的另一端时，总共用去了 20 分钟，行动也就失败了。

如何才能让这 4 个女人在 17 分钟内全部过桥呢？

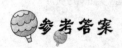 参考答案

分别以 ABCD 代表 4 个女人。第一次过：A、B 过，需要 2 分钟；第一次回：A 回，需要 1 分钟；第二次过：C、D 过，需要 10 分钟；第二次回：B 回，需要 2 分钟；第三次过：A、B 过，需要 2 分钟；

逃避死刑的囚犯

战国时期，秦国实行商鞅变法，法度严明。

当时，秦孝公有一个幕僚，号称天下第一智者，犯下过失，按律当斩。秦孝公爱惜人才，想救他一命，可是又不能自己带头破坏秦律。于是，他设计了一个特殊的行刑方式，希望智者能够运用自己的智慧来拯救自己的生命。

行刑的时刻到了，刑场上站着两个武士，手中各拿着一瓶酒。秦孝公告诉智者：第一，这两瓶酒从外观上看不出有任何区别，但他们一瓶是美酒，一瓶是毒酒；第二，两个武士有问必答，但一个只回答真话，另一个只回答假话，并且从表面上无法断定他们谁在说真话，谁在说假话；第三，两个武士彼此间都互知底细，即互相之间都知道谁说真话或假话，谁拿毒酒或美酒。现在只允许智者向两个武士中的任意一个提一个问题，然后根据得到的回答，判定哪瓶是美酒，并把它一饮而尽。

智者略一思考，提出了一个巧妙的问题，然后喝下了美酒。结果，他被免于一死。

那么，这位智者究竟问了一个什么样的问题而找出美酒的呢？

参考答案

智者向侍者甲提出了如下的问题："请告诉我，侍者乙将如何回答他手里拿的是美酒还是毒酒这个问题？"

如果甲说乙回答他手里拿的是毒酒，则事实上乙手里拿的肯定是美酒。因为如果甲说真话，则事实上乙确实回答他手里拿的是毒酒，又因为此情况下乙说假话，所以事实上乙拿的是美酒；如果甲说假话，则事实上乙回答的是他手里拿的是美酒，又因为此情况下乙说真话，所以事实上乙拿的是美酒。也就是说，不管甲乙两人谁说真话谁说假话，只要智者得到的回答是乙手里拿的是毒酒，则事实上乙手里拿的肯定是美酒。

同理，如果甲说乙回答他手里拿的美酒，则事实上乙手里的肯定是毒酒。

智者设计的这个问题，妙就妙在他并不需要知道两个侍者谁说真话谁说假话，就能确定得到的一定是个假答案。因为如果甲说真话，乙说假话，则情况就是甲把一句假话真实地告诉智者，智者听到的是一句假话。如果甲说假话，乙说真话，则甲就把一句真话变成假话告诉智者，智者听到的还是一句假话。总之，智者听到的总是一句假话。

十年前的老字据

北宋的天圣年间，四川仁寿县的江知县上任不久，就受理了一桩有关田地的诉讼案。

原告张某是个专管征收赋税的小吏，他状告他的邻居汪某无端赖占他家的良田 20 亩。

而汪某申辩说："绝无此事，这 20 亩地其实是我祖父传留下来的。去年张某来我家收税，说如果把田产划归他的名下，我就可以不用交赋税，不用服徭役。我当时正为交不出赋税而犯愁，经不住他的软磨硬泡，于是就答应了。这样，当时我们就在商定的字据上写着将我的田产划拨给他，但事实上，根据当时我们的口头商定，田产还是属于我家的。"

张某则分辩说："在 10 年前，当时汪家遇有急事，他是主动提出把

20亩地卖给我的，这里有字据为证。"

知县接过了字据，仔细审阅。这张叠起来的字据是用白宣纸写的，纸已发黄，纸的边缘也磨损了不少，像是年代很久了。知县将字据叠起又展开，展开又叠起。

突然，眼睛一亮，把惊堂木一拍，喝道："大胆刁民，竟敢伪造字据，哄骗本县，其中情节，还不从实招来！"

知县究竟从字据上发现了什么样的破绽？

参考答案

　　如果真的是 10 年前的字据，并且是叠起来保存的话，那就应当是外面发黄，里面还是白的。而这张字据里外都呈黄色，显然有作假嫌疑。经过审讯，张某终于招了供：去年他和汪某立字据，有意将时间漏写，随后拿回家去补填了 10 年前日期，并用茶汁将字据染成黄色，以冒充 10 年前的旧字据。

破解匪夷所思的谜案

第六章　匪夷所思的判断

别墅有人已经住过了

曾经有一个富商想在郊区买一处别墅供自己享用，却不是一件容易的事情。因为这个富商有洁癖，坚决不买已经住过人的房子。经过几番周折后，这一天经人介绍，终于找到了一间据说从未住过人的别墅。在与别墅的主人约好之后，他们一起来到郊区看房。一来到别墅，别墅的主人就介绍说："这幢别墅自从买了之后，我们从来就没有住过。因为两年前我就和妻子、孩子出国定居了。想到回国的次数越来越少、这房子也越来越没有了用处，我们就打算把它卖了。"

富商听了这话，心里十分高兴，而且他对这房子也十分满意。在准备付款时，富商为了保险起见，就在房内转了转，并顺手打开了衣柜，这时他发现里面有不少的樟脑丸。富商十分不悦，连招呼也不打，一转身就离去了。

为什么富商十分不悦，连招呼也不打就离去了？

参考答案

原来正是是衣柜里的那些樟脑丸出卖了说谎的别墅主人。如果真像别墅主人所说的，别墅自从买来之后就没有住过的话，仅是他们出国定居就已经两年，那么衣柜里的樟脑丸早就该挥发完了才是，怎么还可能出现两年还没有挥发完的樟脑丸呢！

怎么变少了

小李是一名医学院的学生，照例，最后一学期是要到下面实习的。小李的实习被安排在了一家中药店里，这一天，他遇到一个要求水酒各煎一半的药方。于是，小李根据药方上要求的容积，分别称量出了水和酒各 200 毫升。可奇怪的是，当小李将两种液体混合到大容器里时，他发现刻度所显示的竟然不是 400 毫升，而是只有 300 多毫升，这下小李就觉得奇怪了，这是怎么回事？刚才明明同样都是 200 毫升的液体，怎么倒在一起就突然变少了呢？

为什么两份 200 毫升的液体，倒在一起会突然变少了？难道是小李在称量过程中出现了失误？

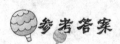

参考答案

其实小李并没有称量错误，这个结果是必然的。因为液体是由分子组成的，当水和酒精混合后，由于水分子和酒精分子之间的吸引力，比没有混合之前的水分子与水分子之间、酒精分子与酒精分子之间的吸引力要大一些。所以，混合之后的分子之间排得更紧密些，这样，混合液

破解匪夷所思的谜案

— 93 —

体的总体积也就相应减小了。不过需要指出的是，这种奇特的体积减小的现象，并不是在所有的液体之间混合后都会发生的，也有些混合液体的体积不变化，甚至出现变大的情形呢。

怎样救公主

传说风国的公主被可恶的女巫关在了一个高山城堡的小木屋里。风国的国王派了很多人前去营救都无功而返。这倒不是因为女巫施了什么法术，而是因为在通往小木屋的路上，必须经过一座危险独特的桥。这座桥在风国与邻国的交界处，而且下面是万丈深渊。

为了避免更多的战争，雅典娜女神派遣了一个天使来守护独木桥，不允许任何人通过。如果发现有人过桥，天使就会把他原路送回去。天使就守护在桥的中心位置，如果想通过此桥，只有趁天使睡觉的时候悄悄过去这一个方法。守桥的这位天使比较贪睡，经常睡觉，但有意思的是，他每次只睡 5 分钟就醒，然后巡视桥面，过一会儿他就会又睡。而这 5 分钟又不够过桥所用的时间，因为在这 5 分钟里，最多只能走到桥的中间。

终于，一位聪明的骑士想出了过桥的办法。他向风国的国王自告奋勇前去搭救公主。他单枪匹马，既没有向天使求助，也没有借助于任何器具，就顺利救出了公主。

那么，这位聪明的骑士是如何顺利通过独木桥，并搭救出公主来的呢？

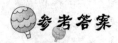
参考答案

这位聪明的骑士是这样通过独木桥，并搭救出公主来的：当天使睡着的时候，骑士就开始过桥，而当他走到一半的时候，他就迅速转过身，缓慢地往回走。而此时，天使刚好会醒来察看桥面，当他看到骑士往回走，以为骑士是要往反方向过桥，于是，就把他"送回"。接着又闭眼睡觉，骑士于是就顺利地过桥了。当他接到公主后，把上面的把戏再反方向演示一遍就行了。

岛上还有其他人

有一架空中搜救飞机飞行到一个荒岛的上空。这是一个偏僻的荒岛，但是 3 年前曾经有一艘轮船被暴风雨裹挟到附近沉没。

当飞行员在附近盘旋两圈，正要离开时，他突然发现岛上有一个人。于是，他赶紧用无线电向总部汇报，并且没有询问任何人就一口咬定，除了发现的这个人之外，在这座荒岛上肯定至少还有一名另外的生存者。

飞行员凭什么就能断定，除了发现的这个人之外，在这座荒岛上肯定至少还有一名另外的生存者呢？

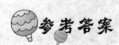

参考答案

原来，让飞行员做出这个判断的是因为他发现的那个人是一个活泼健康的正在玩耍的孩子。试想，如果没有大人的照顾，一个孩子是不可能单独地存活在一个荒岛上的！因此，飞行员断定，至少还有一个大人也居住在这荒岛上。

马的哪只眼睛是瞎的

马克·吐温小的时候就聪明过人，在他的家乡至今还流传着他智捉盗马贼的故事。

有一天，村子里的一户人家的马被盗马贼偷走了。村民们四处打听寻找，终于有一天，有人在集市的牲口市场上看到了那匹马。可是，正在卖马的盗马贼死活也不肯承认这是偷来的马。

由于马的主人一时拿不出有力的证据来，盗马贼就反咬一口，说村民们诬陷他，要他负诬陷好人的责任，一边说着一边想骑上马赶紧溜掉。恰在此时，马克·吐温赶过来了。调皮的他，在旁别一听，马上上去双手分别蒙住马的眼睛，接着问了盗马贼几个问题。很快，就诱使盗马贼在众人面前显露了原形，不得已，只好承认马是自己偷来的。

那么，马克·吐温究竟问了盗马贼一些什么问题呢？

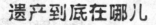

参考答案

当时，马克·吐温是这样做的：他先用双手分别蒙住马的眼睛，然后问盗马贼："你说这马是你的，那么你知道这匹马哪只眼睛是瞎的吗？"盗马贼一下愣住了，因为马是偷来的，他根本不了解这马的情况，更不可能注意到马的哪只眼睛是瞎的。于是，他只好瞎猜："是，是左眼。"马克·吐温马上放开搭着马左眼的手，马的左眼亮闪闪的，一点也不瞎。盗马贼一看，马上改口说："噢，不，是我记错了，是右眼，对的，就是右眼。"马克·吐温接着又把搭着右眼的手放开，马的右眼同样也是亮闪闪的，根本也不瞎。这时，马克·吐温说："根本两只马眼都不瞎，是你瞎！"这时盗马贼无话可说了，只好承认马是自己偷来的，并把它还给了马的主人。

遗产到底在哪儿

一天，一位年轻的女士慕名来找纳斯瑞丁。她对纳斯瑞丁说了这样一件事：

"我伯父单身一人，他的财产约有 10 万元，换成现金和宝石，保存在银行的金库里。然后他把钥匙留给我，留下遗嘱，死后将遗产留给

我。上个月，我伯父病故了，我到银行里去取遗产，可金库中只放着个信封。"

说着，她从手提包中取出了那个信封。

这是一个极为普通的信封。上面贴着两枚陈旧的邮票，其他什么都没有，既没有收信人的姓名和地址，也没有发信人的地址。

纳斯瑞丁把信封拿到窗前明亮处对着光线照看，一无所获。

纳斯瑞丁沉思了片刻，问道："你的伯父生前有什么特别的嗜好或者古怪的性格吗？"

"这个我不太了解，只是记得伯父他喜欢读推理小说。"

"原来如此，女士，请放心，你的遗产安然无恙。"纳斯瑞丁笑着说。

那么，这位女士的 10 万元的遗产到底在哪里呢，为什么纳斯瑞丁说她的遗产安然无恙？

参考答案

原来，遗产就在信封上贴着，就是那两枚价值不菲的邮票。

哪一天全都开门营业

阿灵顿镇的一家超市、一家百货商店和一家银行每星期中只有一天全都开门营业。

（1）这三家单位每星期各开门营业 4 天。

（2）星期日这三家单位都关门休息。

（3）没有一家单位连续 3 天开门营业。

（4）在连续的 6 天中：第一天，百货商店关门休息；第二天，超

市关门休息；第三天，银行关门休息；第四天，超市关门休息；第五天，百货商店关门休息；第六天，银行关门休息。

在一星期的这 7 天之中，阿灵顿镇的这三家哪一天全都开门营业呢？

参考答案

如果星期日是所说的连续 6 天中的第一天，那么根据（1）、（2）和（4），超市只能在星期日、星期一和星期三关门休息。但是根据（3），这是不可能的。

如果星期一是所说的连续 6 天中的第一天，那么根据（2）和（4），每天至少有一家单位关门休息。由于每星期有一天三家单位全都开门营业，所以这是不可能的。

如果星期二是所说的连续 6 天中的第一天，那么根据（1）、（2）和（4），百货商店只能在星期二、星期六和星期日关门休息。但根据（3），这是不可能的。

如果星期三是所说的连续 6 天中的第一天，那么根据（1）、（2）和（4），银行只能在星期日、星期一和星期五关门休息，而超市只能在星期日、星期四和星期六关门休息。但根据（3），这是不可能的。

如果星期四是所说的连续 6 天中的第一天，那么根据（1）、（2）和（4），银行只能在星期二、星期六和星期日关门休息。但根据（3），这是不可能的。

如果星期五是所说的连续 6 天中的第一天，那么根据（1）、（2）和（4），超市只能在星期一、星期六和星期日关门休息。但根据（3），这是不可能的。

因此星期六是所说的连续 6 天中的第一天。根据（1）、（2）和（4），可以得出（C 代表关门休息，O 代表开门营业）：

星期 日 一 二 三 四 五 六
银行 C C O O O C O O
商店 C O O C O O C
超市 O C O C O C O

根据上表，必定是星期五这一天，三家单位全都开门营业。

而根据（1）和（3），超市不能在星期三或星期六关门休息；因此超市一定是在星期四关门休息。

把小船充分利用起来

一条河的东岸有 6 个人等着摆渡，其中 4 个人是大人，2 个人是小孩。河中只有一条空的小摆渡船。而小船最多只能载 1 个大人或者 2 个小孩。

假设小孩和大人一样具有划船的能力，那么，这6个摆渡客，如何只凭借自身的努力和这只小船，全部摆渡到西岸？

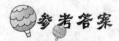**参考答案**

先由两个小孩划船到西岸。然后，其中一个小孩留在西岸，另一个小孩把船划回东岸。接着，由一个大人把船划到西岸，然后留在西岸，再由刚才留在西岸的那个小孩把船划回东岸。接着，再由两个小孩把船划到西岸，重复以上的过程，直至所有的人都摆渡到西岸。

推理案卷的警长

德国的汉堡警察局，警官史特勒手持一份案件的卷宗走进了警长格奥格的办公室，将其恭恭敬敬地放在了上司的桌上。

"警长，4月14日夜里12点，位于塔丽雅剧院附近的一家超级商厦被窃去了大量的贵重物品，罪犯携赃驾车逃走了。现在已经捕获了a、b、c三名嫌疑犯在案，请指示！"

格奥格警长慈祥地看了自己的得力助手一眼，翻开了案卷，只见史特勒在一张纸上写着：

事实1：除a、b、c三人外，已证实本案与其他任何人都没有牵连。

事实2：嫌疑犯c假如没有嫌疑犯a做帮凶，就不能到那家超级商厦作案盗窃；

事实3：b不会驾车。

请证实a是否犯了盗窃罪？

格奥格警长看后哈哈大笑，把史特勒笑得莫名其妙。然后，格奥格三言两语就把助手的疑问给解决掉了。

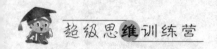

那么，警长究竟是怎样断案的呢？

a 当然犯了盗窃罪。因为从事实 2 中可以得知，没有 a 的话，c 不会单独作案，而从事实 3 中又可以得知 b 不可能单独作案，而除了 a 之外，没有别人跟此案有关，由此可知，a 肯定是犯了盗窃罪。

宠物鱼是谁养的

有 5 个具有不同颜色的房间；每个房间里分别住着一个不同国籍的人；每个人都在喝一种特定品牌的饮料，抽一种特定品牌的香烟，养一种特定的宠物；

没有任意两个人在抽相同品牌的香烟，或者喝相同品牌的饮料，或者养相同的宠物。

有如下线索：

·英国人住在红色的房子里；

·瑞典人养狗作为宠物；

·丹麦人喝茶；

·绿房子紧挨着白房子，在白房子的左边；

·绿房子的主人喝咖啡；

·抽 PallMall 牌香烟的人养鸟；

·黄色房子里的人抽 Dunhill 牌香烟；

·住在中间那个房子里的人喝牛奶；

·挪威人住在第一个房子里（最左边）；

·抽 Blends 香烟的人和养猫的人相邻。

· 养马的人和抽 Dunhill 牌香烟的人相邻；

· 抽 BlueMaster 牌香烟的人喝啤酒；

· 德国人抽 Prince 牌香烟；

· 挪威人和住蓝房子的人相邻；

· 抽 Blends 香烟的人和喝矿泉水的人相邻；

现在我们想知道：谁在养鱼把鱼作为宠物？

不知道此题目是否真的与爱因斯坦有联系，但这确实是一个相当有趣味也有一定难度的逻辑推理题目。据说爱因斯坦声称世上只有2%的人能解答出这个题目。

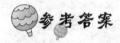 参考答案

黄色房子，挪威人，喝水，抽 Dunhill，养猫；
蓝色房子，丹麦人，喝茶，抽 Blends，养马；
红色房子，英国人，喝牛奶，抽 PallMall，养鸟；
绿色房子，德国人，喝咖啡，抽 Prince；
白色房子，瑞典人，喝啤酒，抽 BlueMaster，养狗。
经过以上的推测，应该是德国人养鱼把鱼作为宠物。

神秘的凶杀案

昨天清晨，科学院里发生了一件可怕的事情，博士生严胜利死在了观星塔最高的平台上，而身上没有明显的伤痕。经过仔细检查，发现严胜利的右眼，被一根长约 3 厘米的细毒针刺过。而在他的尸体旁边，正好有一枚沾满血迹的长针。从现场情况来看，严胜利显然是自己把刺进眼中的毒针拔出来以后才死亡的。

这件事情目前还没有对外公开，因为还没有查出其他任何线索。现在，整个科学院已经因为这件事有了很大的骚动。

观星塔在科学院里是个相对独立的单位，而且，观星塔下面的大门是锁着的，没有钥匙是绝对无法打开的。令人诧异的是，大门没有被撬开的痕迹。严胜利显然是锁好大门才上到平台上去的。所以警察推测凶手一定不是从钟楼的大门进去的。

这平台的位置是在四楼的南侧，离地面差不多有 26 米的高度。观星塔的旁边还有一条河流，自钟楼到对岸也有 40 米的距离，昨夜又刮着很大的风，即使那凶手是从对岸用吹管把细毒针发射过来，也不可能那么准地打到严胜利的右眼。

可是，严胜利却正是被此毒针打中右眼而死的。那么到底谁是凶手呢，又是用什么方法把人杀死的呢？这真是一件令人百思不解的案件。

科学院的院长想把严胜利的死亡，作为自杀事件来处理，想在科学院里简单地替他办一个葬礼。可是，谁又能相信一向信仰坚强、好学不倦、对大自然充满热爱的博士生，竟然会采用这种奇怪的方式自杀呢？

这时科学院里的人们开始议论纷纷，特别是跟严胜利最接近的潘教授，更是不同意院方所下的结论。于是就展开调查，决心揪出凶手，为严胜利伸冤报仇。

在调查的过程中，开始知道严胜利为更好地研究太空中的一切，每晚都要悄悄地在观星楼认真观察天上的星星及月亮的活动，即使是在大风大雨的天气也从不间断，这种情况更加坚定了潘教授的信心，他愈发坚持严胜利是被杀而不是自杀的看法。

潘教授调查了跟严胜利最接近的几个学生，又进一步知道，严胜利是某富商的儿子，他自己家里还有一位同父异母的弟弟。今年夏天，他父亲因病去世，严胜利打算将他所得到的那份遗产，全部捐给科学院。可是严胜利的弟弟却认为他这种做法是相当愚蠢的，他曾经威胁严胜利说：如果不马上停止他自己的这种愚蠢之举，他就要向法院提出上诉，剥夺严胜利的继承权。

"就在发生此案的前一天，严胜利的弟弟寄来了一个小包裹。至于小包裹内装的是什么东西。严胜利生前没有告诉过任何人，案发后再也没有看到过那个小包裹，说不定，凶手是为了窃取小包裹，才对严胜利下毒手的。"院中的清洁工对潘授教反映说。

年迈的潘教授此刻闭上了双目，他静静地思索着，又睁开眼睛，望着那水波款款的河水悠然地在流着。这时潘教授就与警方商讨事件的真相："这是我照情形所做的推测，根据常识和观察力来判断案情，是不会相差太远的，在案情未公开之前，能不能叫人来打捞一下这条河，我虽然有很严密的推理，但是如果没有确凿的证据，还是不行的……"

那么，潘教授的推理是什么，谁又是杀害严胜利的凶手呢？

 **参考答案**

后来，警方按照潘教授的推理，终于在河底找到那个望远镜，这是一个长度只有40厘米的望远镜。严胜利的弟弟送来的那个小包裹里邮寄来的就是这个望远镜！但这个望远镜怎么会和杀人案扯上关系呢？原来，这个望远镜是可以随时拆开的，严胜利的弟弟把细毒针装在了这个望远镜的镜筒内。当严胜利把望远镜放在眼睛上，用手转动镜筒中央的螺丝，来调整镜头的焦距时，藏在镜筒内的细毒针受到弹簧的反弹力便逆射出来，刺进了严胜利的右眼。严胜利惊慌失措，把手中的望远镜扔了出去。望远镜就是这样掉进塔楼下的河里的。虽然严胜利及时用手拔掉了刺在眼中的细毒针，但是针上的剧毒还是很快发作，导致了他的死亡。

破解匪夷所思的谜案

离奇的溺水案

一个星期天的早晨，拉丁湖水面上漂浮起了一具垂钓者的尸体。看上去像是在乘租用的小船垂钓时，不小心船翻，溺水而死的。死亡的时间是星期六下午的 5 点钟左右。

开始的时候，这起死亡事件被大家认为是单纯的意外事故，但经刑警仔细调查后，认定是一起谋杀案，而凶手竟然是死者的朋友，因为他欠了死者一大笔债。

可当时罪犯有不在现场的证明，星期六他租用了另一条船在湖中与被害人一起钓鱼，下午 3 点钟左右与被害人分了手，一个人乘坐 15 点40 分出发的公交车回到了市中心自己的家里。公交车到达市中心他家附近的车站的时间是 18 点 30 分。这期间罪犯一直坐在公交车上，并且

有公交驾驶员确切的证词。

可是，当刑警了解到这个人在一所大学的附属医院做药剂师时，便揭穿了他作案的手段。

罪犯究竟是用了什么样的手段使被害人溺水而亡的呢？

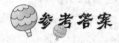

罪犯使用了麻醉药。与被害人一起钓鱼的罪犯，在下午3点钟离开时用麻醉药使被害人睡着，然后起身离去。不久，当被害人从昏睡中醒来想坐起来时，由于身体摇晃而使小船翻船，导致被害人落水溺死，时间正好是下午5点钟左右；而此时，罪犯已经在开往市中心的公交车上了。

占卜师手里的扑克牌

一天早晨，一直单身生活的扑克占卜师福尔摩斯在自己公寓的房间里被杀。他是被匕首刺中后背致死的。据推测，被害的时间是在昨天晚上9点钟左右。看上去是在占卜时受到突然袭击的。尸体旁边丢的到处是扑克牌。被害人死时手里紧攥着一张牌，是一张方块儿Q。

"为什么福尔摩斯死的时候，手里会攥着一张方块儿Q呢？"办案人员都感到奇怪。

"很可能是想留下凶手的线索，才抓在手里的。"刘侦探说。

"那么说，凶手是与钻石有什么关系了？"

"扑克牌的方块儿与宝石中的钻石不同，是货币的意思。黑桃是剑，红桃是圣杯，梅花表示棍棒。"刘侦探解释说。

不久，侦查结果出来了，浮现出了以下3个嫌疑人：

一个是职业棒球投手，男性；一个是宠物医院的院长，女性；还有一个是歌舞团的演员，男性。

"3个人似乎都与扑克牌里的方块儿没什么关系。"办案人员感到纳闷。

"即使没关系，这个家伙也是凶手。"刘侦探果断地指出了真凶。

那么，刘侦探指出的真凶是谁，他是根据什么断定的？

参考答案

凶手是宠物医院的院长。扑克牌里的方块儿 Q 是女王，也就是女人。3个嫌疑犯中只有宠物医院院长是女性。职业棒球投手和歌舞团的演员都是男性。被害人为了暗示凶手是女人，临死前抓到了方块儿 Q 这张牌。

咖啡暴露的线索

侦探哈利到森林中去打猎，看见天色已经晚了，便在空地上支起了帐篷，准备宿营。

忽然一个年轻人跑来告诉哈利，他的朋友卡特被人杀害了。哈利问他叫什么，他说："我叫菲尔特，一小时前，我和卡特正准备喝咖啡，从树林里突然钻出两个大汉，将我们捆了起来，还把我打昏了，等我醒来一看，卡特已经……"

哈利听完后，拍拍菲尔特的肩膀说："走，一起去看看。"于是便跟着菲尔特来到了宿营地。卡特的尸体躺在快要熄灭的火堆旁，两条绳子散乱地扔在卡特的脚下，旁边的帆布包被翻得乱七八糟。哈利俯下身，看见卡特的血已经凝固。哈利断定是卡特是一个小时以前死亡的，

凶手是用钝器击碎其颅骨才使他丧命的。

　　哈利又把目光拉回到火堆上，火烧得很旺，黑色的咖啡壶在发出"嘶嘶"的声响，刚刚烧沸的咖啡从锅里溢到锅外，发出扑鼻的香气，滴落在还没有烧透的木炭上。

　　哈利默默地站了一会儿，突然，他掏出手枪对准菲尔特说："你别再演戏了，老实交代吧！"

　　哈利为什么能断定凶手就是菲尔特？

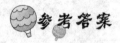

参考答案

　　因为如果这咖啡是 1 小时前暴徒来时就煮好了的，那么现在早就干了，而不可能溢出来。这一定是菲尔特先杀了卡特，然后才开始煮的咖啡。"

汽车前盖上的猫爪痕迹

　　在一个寒冷的冬天，一段时间以来一直异常干燥。然而让人高兴的是，这天晚上 9 点钟开始，竟然下了一场雨夹雪，小雪夹着雨，下了一个小时左右。正巧在这段时间里，在市郊发生了一起酒驾撞人恶性逃逸事件，一个醉汉驾着汽车撞了行人后，驾车逃离了。

　　这个司机 30 分钟后逃回到市内的家里，将车泊到了院子里的车库内，车库的顶棚只有一层石棉瓦，地面是水泥的，他迅速用水管冲洗了湿漉漉的轮胎，然后冲洗了车子出入的痕迹。让他感到幸运的是，幸亏车身上没有留下明显的痕迹，连车灯也没有损坏。细心的他又把被雨淋的车身用干毛巾仔细地擦过，而且他还把一个轮胎的气放掉。可是，在他逃离现场时，目击者记下了他的车牌号码，所以警察很快就在资料室里锁定了车主。

　　晚上 11 点，刑警找到了逃跑罪犯的家。他矢口否认近几天曾经出过车。警察检查他存放在车库里的汽车，并询问他作案时间不在现场的证明。

　　"正如你们所见，我的车子前几天就放炮了，所以这几天一次也没有开出去过。所以，逃跑的罪犯肯定不是我，目击者一定是记错了车号。"他极力辩解着说。

车前盖上不知什么时候留下几处猫爪印儿，是猫带泥的爪印和卧睡的痕迹。

"你府上养猫了吗？"

"没有，这是邻居的猫，或是野猫吧。经常钻进我家院子里来，在车上跳上跳下地淘气。"

"的确，如果是那样的话，你所说的这车子几天前就放炮了的说法是不能令人信服的呀！你可以若无其事地说谎，可猫和汽车都是老实的。"

警察当场就揭穿了他的谎言。

警察是如何揭穿他的谎言的呢？

参考答案

当警察看到前箱盖上印着猫走过的泥爪印时，刑警便揭穿了那家伙的谎言。因为，在寒冷的冬季，猫之所以喜欢爬过前箱盖上去，是因为那里暖和。罪犯抛下被撞的行人不管，逃回家中，将车存放在车库内。但是，那之后即使马达停转，但前箱内的热量却不会马上消失。对于猫来说，这是很好的取暖设备。在逃离现场之前，如果猫上过前箱盖的话，因为前些天持续干燥天气，也是不会留下泥爪印的。在逃离现场事件前后，下了雨，车库旁的院子地面是湿的，所以，猫才是泥爪子爬上了车箱。

密室凶杀案

女招待小百合在公寓里被杀了，她的头后部有被钝器击中的痕迹。她俯卧在屋子的中央，手里还拿着一条珍珠项链。小百合是个财迷心窍

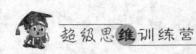
的人，听说她经常把钱借给同事，然后收取高额利息，做着放高利贷的生意。对于不能按时还钱的人，她竟然不顾情面地索取饰品、礼服等作为抵押，所以人人都痛恨她。就连她死时手里紧攥着的项链，也是从向她借贷的同事李圆圆那儿索要来的。

奇怪的是，她房间的窗户都上着锁，门也从里面挂着门链，也就是说，小百合是在密室中被杀的。这样一来，项链的主人李圆圆也就成了杀人的嫌疑犯。然而，李圆圆是怎样杀死小百合的，却始终是个谜。

真相究竟是怎样的呢？

事实上，罪犯是隔着门链用榔头击中了小百合的头部致死的。窗户上着锁，门也挂着门链，罪犯是进不去的，但即使如此，也不能说这是一间安全的密室。因为，上着门链的门如果不锁照样能开几厘米的门缝。罪犯正是利用这个空间作的案。那一天，李圆圆因为还不上小百合的债，不得不将自己心爱的项链交给了小百合作为抵押。小百合虽然在嘴上说可惜，但还是贪婪地收下了；李圆圆一时生起杀人的恶念。但是，格外小心的小百合是决不会轻易让别人进屋的，接钱接物时总是在门口，而且是隔着门链进行的。因此，李圆圆心生一计，她故意将项链放在隔着门链能看得到且能够得到的地方，在小百合弯腰去拿时，李圆圆在门外用藏在身后的榔头猛地敲击她的后脑勺，但由于李圆圆的力气小，这一击并没有立即致命，小百合嚎叫着，抓着项链跑回了房内，但终因伤势过重跑了几步，就倒在了地上。

经济间谍的离奇死亡

前去 K 公司卧底的经济间谍村山已经被 K 公司的人识破，此刻正在受 K 公司董事们的训斥。被村山盗去重要机密的 K 公司的董事们虎视眈眈地盯着村山。

"干脆不交给警方，当场把他干掉吧，免得泄露了我们公司的机密。"

"对，把他碎尸万段！"

"不，我们可以用更好的办法，把这个家伙捆起来放到铁道线上去。这样，火车一开过来就会脱轨，也就破坏了现场，不会留下任何证

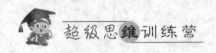

据。今天晚上就干，现在，让这个家伙多活一会儿，到晚上就干！"

虽然是做了人家的经济间谍，但那只是为了赚点儿钱罢了，哪里想到会有生命危险呢。生性心胸狭窄、心脏不好的村山这时惊恐万分，拼命地挣扎着想要逃脱，但是却被 K 公司的人注射了镇静剂，无奈地陷入了梦乡。当他醒来时，发现自己已经被结结实实地捆在了铁道线上，而且，不知为什么还被戴上了眼镜。这一定是 K 公司这帮家伙们搞的圈套。过了一会儿，前方出现了灯光，而且逐渐向这边靠近，这不用说，肯定是火车开过来了。如果这样躺着不动，毋庸置疑会被碾压死的，但是身子已经被捆绑结实，动弹不得了。随着一声绝望的惨叫，村山的人生结束了。

两个小时后，村山的尸体被人发现了。但是，却并不是被火车碾压死的，而是身体完好地躺在某个商店的停车场。警察过来检查了死因，死于心肌梗死。

村山究竟是怎么死的，这究竟是怎么回事呢？

参考答案

其实，村山是在看到立体电影后发生心肌梗死而死的。

K 公司的人为了保住自己公司的商业秘密，除掉村山，在公司内做了一个布景：房间里漆黑一片，在代替屏幕的白色墙壁上映现了放映机放的铁路。远方的列车眼看着向村山逼近。由于村山被戴着立体眼镜，透过眼镜看到的图像有立体感，栩栩如生。列车的声音则是通过屏幕后的扬声器传来的。

本来就心胸狭窄、心脏不好的村山，看到和听到这些，自然信以为真，于是在惊恐过度下发生了心肌梗死，导致了死亡。

"邮局邮票" 究竟藏在哪里

有一年，日本的邮票收藏家秀夫，在纽约的邮票拍卖市场上以15万美元的价格拍下了一枚"邮局邮票"。

这枚邮票是1847年在印度洋上的一个英属殖民地——毛里求斯岛上发行的。当时岛上连一个像样的印刷所也没有，因此，这批邮票是由一个钟表匠采用凹版印刷制作的，而且不知是由于疏忽还是出于其他什么缘故，竟然把"POST·PAID"（邮资已付）的字样印成"BOST·OFFICE"（邮局）。经考证，这种邮票目前在全世界上仅存26枚，可以称得上是邮票珍品中的珍品了。

拍卖结束后，秀夫避开舆论界的纠缠，悄悄地离开拍卖市场，往自己下榻的旅馆赶，他打算回去好好地欣赏自己用15万美元拍买到手的这一珍品。

然而，当他走到地下停车场，就要拉开车门的时候，头部突然被人从背后用钝器狠狠地猛击了一下，秀夫只觉得头部一震，眼前一黑，迅即失去了知觉。

当他醒来的时候，发现自己的手脚被紧紧地捆绑着，关在一间不知是什么地方的汽车库里，身边坐着3个戴着墨镜的人。秀夫观察了一下周围，知道自己被一伙专门抢劫世界上名贵邮票和收藏品的强盗们绑架了。因为不久前，在伦敦、巴黎等地屡屡发生的名收藏家遭劫、贵重珍品被抢的案件。这伙强盗在收藏界早已臭名昭著了。

秀夫因为知道有这伙强盗存在，所以早有提防，已经将邮票妥善地藏了起来。

"如果你想保命的话，那就乖乖地把邮票交出来。我们要的是那张'邮局邮票'。"强盗团伙的头目用手枪指着秀夫威胁地说。

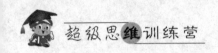
"我不知道有你说的什么'邮局邮票'。"秀夫断然否认。

"你别装傻啦！我们是从拍卖市场一直跟着你来到这里的！"

"既然是那样，那你们就搜好了。"

两个喽啰搜遍了秀夫的衣服口袋，但口袋里只有支票、一些美元现钞和手帕、汽车钥匙以及使用过的一张明信片。明信片上绘有富士山图案，是从日本寄来的。

"就是明信片上贴着的这张邮票吧？"

"绝对不是，你别装糊涂，这只是一枚日本极普通的纪念邮票，别看尺寸挺大的，其实连一美元也不值。"

"可是，我没有见到还有其他邮票呀！"一名绑匪对拿枪的这个头目说，"头儿！这个家伙会不会是把邮票藏在拍卖行的寄存柜里啦？"

"不会的。他只去过一次厕所，然后就来停车场了。他是不会把花了15万美元高价买来的邮票轻易放在什么地方的。来！把他的衣服给我扒光，仔细地搜，就一张小小的纸片，他能藏在什么地方？"

于是，歹徒们迅速地剥光了秀夫的衣服，用剃刀把西服和内衣一点点地剥开，把鞋割成碎片，从头到脚，甚至连头发里都仔细地搜了个遍，但最终还是没有找到那枚价值15万美元的"邮局邮票"。

那么，秀夫到底把那枚"邮局邮票"藏到哪里了呢？当然，邮票他是一直带在身上的。

参考答案

其实，"邮局邮票"就在秀夫身上。秀夫拿到"邮局邮票"之后，将它贴到有富士山图案的那张明信片上，然后再在上面贴上了普通的日本纪念邮票。歹徒们怎么也不会想到，价值15万美元的"邮局邮票"就贴在那张使用过的不值钱的纪念邮票的后面。

第七章　推理出的真相

乞讨者

破解匪夷所思的谜案

刑满释放的 M 回到他曾生活了 32 年的故乡。当他怀着一线希望走到那个他曾经不以为意的家门口时，他妒忌得浑身颤抖，他看到俏丽的前妻正用热吻欢迎她下班的现任丈夫。

M 绝望了，旋即决定，要用余生创出一番事业来，到腰缠万贯时再来羞辱在自己入狱后如饥似渴改嫁的前妻和她的丈夫。

"怎样才能发达呢？"当晚，M 住在废弃的小屋里，没床没被，缩身躺在一堆石棉纤维中辗转反侧了一夜。次日拂晓，M 潜入他那孤单独居的盲眼老妈妈家中，偷走了老妈妈的户口簿。

上午，M 赶到保险公司业务部，用释放费为自己投保了人身意外变乱险，保险额为 10 万元，受益人写明是他母亲。3 个星期后的一个薄暮，M 在街头遇见了一个长相、身段都与自个儿相仿的行乞者。当晚，M 和行乞者在那间小屋里开怀痛饮。烈酒灌肠，行乞者垂垂醉倒了，双手伸进石棉纤维中睡着了。

M 摇了摇行乞者，不见其有应声后，伪造了现场，然后纵火点燃了小屋。望着熊熊燃起的大火，M 为自己天衣无缝的筹划而洋洋得意。他

想：谁会体贴一个行乞者呢？自己的发达筹划就要成功啦！

临走时，M 将自己的释放证明和一个酒瓶扔在了门口火烧不到的地方，看上去像是醉汉跌倒时掉了东西。在母亲家阁楼上潜伏了 3 天后，M 终于听到了户籍民警对母亲宣布他被烧死的消息，并看到民警给了母亲一张火警殒命注销户口关照卡。次日一早，M 正准备乔装去取出保险赔付费时，几个民警冲上阁楼逮捕了他。

M 愣了，他搞不清自己天衣无缝的筹划哪儿出了漏洞？

参考答案

行乞者的双手伸进石棉纤维里，而石棉是不能燃烧的，所以，行乞

者的指纹得以保留，和警方原有的存案指纹相互核对不符，就得出存心杀人的鉴定。

失和的夫妇

汤姆森夫妇俩向来反面，近来两人的辩论有愈演愈烈的趋势。5月里的一天，汤姆森夫人跟丈夫又因为一件琐事大吵了一架，然后离开了她们共同生活了10年的家，独自来到旷野她常住的公寓，准备开始一个人的生活。

第二天清晨，公寓服务员去汤姆森夫人的房间，怎么敲房门都没人回应。服务员撬开门进去，结果看到汤姆森夫人倒在地板上，她胸部中弹，已被杀害多时。服务员立刻报了警。

加森探长来到现场。经勘探，子弹是从窗外击碎了玻璃，又穿过厚厚的窗帘命中汤姆森夫人胸部的。根据弹道分析，凶手是在对面3层公寓楼顶开的枪。在汤姆森夫人身旁，还倒着把折叠椅，殒命时间是前一晚10点30分左右。

加森探长寻思着：窗户上挂着厚厚的窗帘，凶手为什么能一枪命中目标呢？望着案场，他扶起地上的折叠椅，站上去，一伸手触到灯管，灯就亮了，放开手，灯又灭了。加森探长明白了凶手是怎样命中目的。他又从灯管上取下了凶手的指纹。经审讯，果然是汤姆森用装有消声器的步枪杀害了汤姆森夫人。

你知道凶手是怎样精确击中目标的吗？

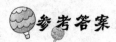 参考答案

汤姆森提前拧松了公寓房间的灯管，然后回去存心跟老婆大吵大

闹。把老婆逼到公寓，他快速来到对面公寓的楼顶，架好步枪，当老婆站在椅子上一拧亮灯管，他就开了枪。

歌 剧

亚瑟·西伯特和威廉·格列弗写了一系列受欢迎的维多利亚歌剧。下面提示其中5部作品。从所给的信息中，请你推断出作者写这些歌剧的年份、在哪里上演以及剧中的主要人物。

小小提示

1. 《伦敦塔卫兵》中的主要人物为"所罗林长官"，而《将军》要比主要人物为"格温多林"的歌剧早写6年。

2. 《法庭官司》是比首次在利物浦上演的歌剧晚3年写的。布里斯托尔是1879年小歌剧公演的城市。

3. "马库斯先生"是在伦敦首次上演作品中的角色。

4. 伯明翰是《忍耐》的首次上演地点。

5. 《康沃尔的海盗》是1870年写的，它不是关于"马里亚纳"的财富的。

6. "小约西亚"是1873年歌剧中的主要人物。

脑筋转一转

通过提示6，我们知道"小约西亚"是1873年歌剧中的主要人物，而以所罗林长官为主要人物的《伦敦塔卫兵》（提示1）和包含人物"格温多林"的作品要比《将军》迟写，在1870年写的《康沃尔的海

—— 120 ——

盗》和马里亚纳无关（提示5），它的主人公肯定是"马库斯"，首次上演是在伦敦（提示3）。写《法庭官司》要比首次在利物浦上演的小歌剧晚3年（提示2），因此不可能是在1873年或1879年写的。布里斯托尔是1879年写的小歌剧公演的城市（提示2），而《法庭官司》不是在1882年写的，所以只能是1885年写的，而在利物浦首次上演的小歌剧写在1882年。《忍耐》的首次上演在伯明翰（提示4），它不可能在1882或者1879年写，所以肯定是在1873年写的，主人公是"小约西亚"的歌剧。主人公是"格温多林"的歌剧不是《将军》（提示1），所以推断出是1885年写的《法庭官司》，而排除其他的可能后，我们知道《将军》中的主人公一定是马里亚纳。从提示1中知道，它就是1879写的首次在布里斯托尔公演的歌剧。通过排除法知道，写在1882年的首次在利物浦上演的歌剧肯定是《伦敦塔卫兵》，主人公是所罗林长官，所以我们知道了剩下的曼彻斯特是《法庭官司》首演的城市。

参考答案

1870年，《康沃尔的海盗》，伦敦，"马库斯先生"。

1873年，《忍耐》，伯明翰，"小约西亚"。

1879年，《将军》，布里斯托尔，"马里亚纳"。

1882年，《伦敦塔卫兵》，利物浦，"所罗林长官"。

1885年，《法庭官司》，曼彻斯特，"格温多林"。

商战特工

加特林商业公司的年度知会聚会议定在上午8点召开，董事们都准时进入会场。年度知会聚会会议的内容是制订下一年公司的发展规划和

汇报公司科研结果。突然，聚会会议室大门被推开了，董事长科恩手里拿着一个微型录音机，气喘吁吁地走了出来，对秘书说："公司里有商业特工，让保安部主任马克马上来，我要查个真相大白。"

马克赶来，他听完录音后说："这是今天早上8点45分开始录的音，我去查一下这个时间前后离开办公室的人。"

不一会儿，托尼娅穿着高跟皮鞋，一扭一扭地来到聚会会议室："我感冒了，下楼去买了药。"说着拿出一瓶感冒药，以证明自个儿没有说谎。

马克笑了笑，没有发表意见。

第二位是汤姆。他脚上的大皮鞋踩在地砖上"咔咔"直响。他说："我去献血了，可大夫说我血虚，不切合献血人员尺度，只好作罢。"

第三位是厚妆的女职员汉娜。她说出去打了一个电话。马克见她脚穿活动鞋，就问："公司规定上班要穿皮鞋，你为什么穿活动鞋?"汉娜说："我的脚昨天扭伤了，穿不了皮鞋。"

听到汉娜这样说，马克寻思起来。他在室内来回踱步，心里在思考着什么。然后又按下放音键，磁带运转起来，先是一片沉寂，然后响起了一声关门声。听到这里，马克已经知道是谁安置的录音机。

你知道是谁吗?

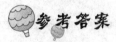参考答案

马克推测，是女职员汉娜安置的。因为根据磁带录音的内容，磁带开始只有关门声而没有脚步声，说明安置录音机的人穿着软底鞋，这样才能没有脚步声。

毒 针

杰里教授在某大学任教。有一次，他约好友安迪到他家来做客。

由于两人是多年好友，见面后也没有过多寒暄，就直接走进书房里交谈。杰里教授心情沉重地对安迪说："我有一张计划图，昨天被人抄袭了。我想对方会找你的，所以呢……"

讲到这里，杰里教授的一位仆役端着咖啡壶走进来;杰里教授没有再讲下去。仆役把咖啡壶放在火炉上，转身离开了。

这时，杰里教授从椅子上站起来，仔细地把门锁上，又坐回到椅子上，端起咖啡慢慢喝着，同时，把计划图被抄袭的委曲诉说给安迪。

不一会儿，喝了咖啡的安迪就昏昏欲睡……当他醒来的时间，杰里教授被杀害在椅子上，脖子上刺着一根长约5厘米的毒针，针的根部有一个小木塞。安迪冷静地察看了四周，门是上了锁的，全部的窗子都

破解匪夷所思的谜案

关着。

突然，安迪望见一样东西，他立刻明白了凶手是谁以及凶手是怎样杀害杰里教授的。

你想到答案了吗？

杀人凶手便是仆役。他把插有毒针的软木塞堵在咖啡壶嘴那里面，再把咖啡壶放在火炉上，将壶嘴对着教授。当咖啡壶受热后，由于没有气体通畅的小洞，因此壶中的蒸汽膨胀产生压力，就把软木塞挤出，软木塞上的毒针刚好命中教授的脖子。

足球联赛

当地足球协会最出色的 5 支球队本赛季大概已经赛了 10 场（其中一些队要比另外一些队比赛的次数稍多一些），以下的信息是关于这 5 支球队的。请你根据以下的信息推断出各球队至今为止胜、负、平的场数。

小小提示

1. 汉丁汤队至今已经输了 5 场，平的场数要比布赛姆队少，布赛姆队本赛季赢的场数不是 2 场。

2. 已经平了 5 场只输 1 场的球队赢的场数大于 2。

3. 只赢了 1 场的球队不是输了 3 场也不是平了 4 场的那支球队。

4. 输了 2 场的球队平的场数比赢了 5 场的那支球队要多 2 场。

5. 白球队踢平3场，而格雷队赢了4场。
6. 赢的场数最多的球队只平了1场。

脑筋转一转

　　根据提示6，知道赢6场的球队只平了1场。平了5场的球队赢的场数不是1场和2场（提示2），也不是5场（提示4），所以只能是4场，所以它就是格雷队（提示5），它只输了1场（提示2）。输了2场的球队平的场数是3或者4场，赢了5场的球队平的场数是1或者2场（提示4）。赢了6场的球队只平了1场，那么赢了5场的球队肯定平了2场，而输了2场的队必定平了4场，后者赢的场数不是1场（提示3），所以他赢了2场。排除其他的可能后，我们知道踢平3场的白球队（提示5）只赢了1场，它输的场数不是3场（提示3），则必定输了6场。布赛姆队赢的不是2场（提示1），因此打平的不可能是4场，而它们打平的场次要比汉丁汤队多（提示1），所以不会是平了1场，所以知道了它们赢了5场，平了2场。而汉丁汤队平了1场（提示1），输了5场（提示1），赢了6场。排除其他的可能后，我们推断得知赢了2场的是思高·菲尔德队，而布赛姆队则平了2场，输了3场。

参考答案

　　汉丁汤队，胜6平1负5。

　　布赛姆队，胜5平2负3。

　　格雷队，胜4平5负1。

　　思高·菲尔德队，胜2平4负2。

　　白球队，胜1平3负6。

破解匪夷所思的谜案

暗 道

书画收藏家莱昂纳多每每在自己的住所展示他的藏品。随着他的收藏品越来越多，他原来的小屋子也变得不够用了。为了扩大展室面积，他买了一幢旧式古宅。可莱昂纳多没想到刚住进去不久，他的一幅名画就被人用赝品换走了。为此，他感到不可思议。因为他从前一晚起就一直待在房间里，门窗上没有找到任何被撬的痕迹。于是，莱昂纳多嘱咐管家不要离开房间，他去找克罗探长。

当他和克罗探长返回来时，看到大门开着，管家倒在寝室的地上。他俩赶快扶起管家；管家忍痛发出微弱的声音："从……秘密……地道……逃走……了。"说着，用手指向床下。克罗探长发现床下有一块木板。管家接着又上气不接下气地说："开关……米勒……"但是话没有说完就断了气。克罗钻到床底下，想要揭开板子，但他用尽全力也没能打开。克罗想到管家刚刚说的"开关……米勒……"，岂非开关设在墙上米勒的画像背面？于是他走到钢琴旁，将画像取下，背面却是洁白的墙壁。克罗急切地寻求着开关，突然，他灵机一动："啊！原来秘密就在这儿！"他终于找到了暗道开关。

那么，克罗探长在哪儿找到了暗道开关呢？

参考答案

探长开始误解了管家的意思，原来管家临终前说的"开关……米勒"，不是指米勒的画像，而是指钢琴上的两个琴键，按下"咪"、"来"两个键后，暗道的门就自动打开了。

被杀害的女演员

夜晚，女演员谢尔娜在自己的别墅里被人杀害。波特探长在现场找到了一把没有指纹的手枪。根据法医的查验，可以确定谢尔娜是被枪柄多次剧烈敲击致死的。

据邻居反映，在谢尔娜被害的时间里，曾听到她房里有辩论的声音，那声音像是别墅的主人的，也便是谢尔娜的情夫。这幢别墅正是他送给谢尔娜的。

波特探长立刻给别墅的主人打电话，叫他立刻赶回别墅。主人返回来后，探长细致询问了案发这段时间他在什么地方，有没有人可以证明，以及他与谢尔娜的关系。

别墅主人细致回复了探长的提问，举出了自己不在场的证人及证据，又称准备稍即后与谢尔娜完婚。末了，他泪流满面地恳求探长："探长，我爱谢尔娜！我们之间有着纯洁的爱情！她被杀害得这么惨，您肯定要替她报仇！要是能找到敲击杀害谢尔娜的凶手，我愿出 50 万元重赏！"

探长说肯定会努力，并请他节哀，然后起身离开现场。不料，别墅主人提出让他再看一眼谢尔娜，因为他还未看过谢尔娜的遗容。探长以为此乃人之常情，便答应了，可随即猛然觉悟，冷笑着请他一起到警察局去销案。

别墅主人愣住了，他不明白自己在什么地方留下了漏洞或痕迹。

参考答案

　　别墅主人被叫到案发现场后，警方在发言中及发言后都未提及他见到了被杀害者，也未告诉他谢尔娜是被敲击致死的。可他却提出肯定要找到敲击被杀害谢尔娜的凶手，这便是漏洞。

密室杀人案

　　一栋独门独院的别墅里，犯法团伙的头目被枪杀了。第二天清晨，人们找到了他的遗体，凶器是一支丢在遗体左边的手枪。

但是，房子的门是从里面上了锁的，狭窄的窗户也从里面插着插销，并且窗外是很牢固的铁防盗护栏。

只有窗户的下角玻璃坏了一块，那边已经拉着一张蜘蛛网，连一只苍蝇也别想出入。这就是说那是一个完完全全的密室。

那么，罪犯是怎样枪杀头目的呢？

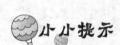 参考答案

罪犯是从坏的窗户玻璃洞中伸进手枪杀害头目的，并且将手枪扔进室内逃跑，而且还把几只蜘蛛放在了窗台上。蜘蛛在天亮时又拉了一个网，造成了被杀害者在室内自尽的假象。

戴黑帽子的家伙

西野镇治安长官的办公室墙上挂着 4 张臭名昭著的黑帽子火车盗窃团伙的成员的图片。请你根据下面的提示，推断出他们各自的姓名和绰号。

小小提示

1. "男人"麦克隆和赫伯特的图片水平相邻。
2. 图片 C 上的不是西尔维斯特·加夹德，而是图片 A 雅各布。
3. 姓沃尔夫的男人照片和绰号"小马"的照片水平相邻。
4. 在 D 上的丘吉曼的绰号不是"强盗"。

名：雅各布，马修斯，西尔维斯特，赫伯特

姓：丘吉曼，加夹德，麦克隆，沃尔夫

绰号："里欧"，"强盗"，"男人"，"小马"，

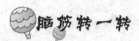

通过提示2，我们知道图片A指的是雅各布，图片D指的是丘吉曼（提示4）。赫伯特的图片与"男人"麦克隆水平相邻，前者不可能是图片C上的人，而图片C上的也不是西尔维斯特（提示1），所以图片C是马修斯。我们知道西尔维斯特不是图片A、C和D上的人，那么肯定就是图片B上的人。排除其他的可能后，我们知道赫伯特一定是图片D上的人。从提示1中知道，图片C上的一定是马修斯，他就是"男人"麦克隆。通过排除法知道，雅各布的姓就是沃尔夫。因此，从提示3中可以知道，"小马"就是西尔维斯特·加夹德，他是图片B上的人。D上的赫伯特·丘吉曼不是"强盗"，所以他绰号是"里欧"，而"强盗"就是图片A上雅各布·沃尔夫的绰号。

参考答案

图片A，雅各布·沃尔夫，"强盗"。

图片B，西尔维斯特·加夹德，"小马"。

图片C，马修斯·麦克隆，"男人"。

图片D，赫伯特·丘吉曼，"里欧"。

马　脚

无赖雪特打听到海滨别墅有一幢房子的主人去瑞士度假，要到月末

才能返回来，便起了邪念。他找到懒鬼华莱，两人决定去碰碰运气。

两天后的一个夜晚，气温降到了 -5℃，雪特和华莱潜入了别墅，撬开前门，走进屋里。他们找到冰箱，里面摆满食物，当即拿出两只肥鸭放在桌子上让冰融化。几个小时过去了，宁静无事。雪特点燃了壁炉里的干柴，屋子里便温和了。他们坐在桌边一边吃着烤得焦黄、散发着诱人香味的肥鸭，一边把电视机打开，将音量调得很低，看电视里的天气预报节目。突然，门铃响了，两人吓得跳起来，面面相觑，不知所措。门外进来了两个巡逻警察，站在他们面前，嗅嗅烤鸭的香味，晃晃两副丁当作响的手铐。

那么，他们在什么地方露了马脚？

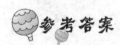**参考答案**

因为雪特点燃了壁炉里的干柴，烟囱肯定冒烟；屋里没人，而烟囱冒烟，肯定会引起巡逻警察的注意。

有缺失的声音

星期日早上，一位独居的批评家被佣人杀害在书房里，他的胸部中了两枪。

刑警在现场调查到，附近的人没有听到枪声。

这时，书房墙上的大钟敲了 9 下。

法医望见一个录音机，便顺手打开，那里面录的是昨晚晚会的实况转播。当播放到冯巩和牛群的相声时，里边传出了两声枪响，紧接着是被害人的呻吟声，然后连续是晚会现场的声音。

"据此可以证明，被害人是昨晚 8 点 57 分遇害的，因为牛群和冯巩的相声是 8 点 57 分开始的。"法医说道。

刑警重新将磁带倒过来听了一遍。

"而且，被害人是在别处被杀的。"刑警肯定地说。

"为什么?"法医问。

"被害人是在别处录晚会转播实况时被枪杀的。然后凶手将遗体及这台录音机一起搬来，伪装成他是在这里被杀的。"

"你的根据是什么?"法医问道。

"你再仔细听一遍磁带，那里面缺了一种声音。"刑警打开了录音机。

你知道他指的是哪种声音吗?

参考答案

要是在书房被杀的话，那么磁带中就应该录上 3 分钟后时钟的报时声。之所以录音中没有敲钟的声音，是因为被害人是在别处录音时被杀的。

情报被拆穿

一天，福特探长来到金冠大旅店。他发现在这里喝酒的一伙人是国际刑警正在捕拿的一伙在逃走私犯。由于这伙罪犯不知道探长的真实身份，所以谁也没注意他。

为了快速捕拿这些人，探长用电话关照警方。探长装作和女朋友通电话。这伙人听到的电话内容是这样的:

"我的爱人罗莎，你好吗? 我是福特，昨晚不舒服，不能陪你去夜总会，现在好多了，全靠金冠大旅店经理上月送的特效药。我的爱人，不要和我使气，我们会永世在一起的，请你包涵我的失信，我的病不是很快就好了吗？今晚赶来你家时再向你道歉，可别生我的气啊！好吧，再见！"

这伙人听了大笑不止，但是 5 分钟后，警察突然出现在他们面前，他们不得不举手投降。

那么，福特是怎样向警方提供情报的？

参考答案

福特探长在打电话时做了点手脚。在通电话时，探长一讲到无关紧要的话，就用手掌心捂住话筒，不让对方听到，而讲到要害的话时，就松开手。

这样，警方就收到了这么一段"间歇式"的情报电话："我是福特……现在……金冠大旅店……在一起……请您……今晚赶来……"

勘查毒品

某夜，马尼拉到北京的航线 CA972 班机，降落在首都机场；海关人员开始检查游客的行李。

女检查员小吴发现从飞机上下来的 3 个港商模样的人，他们带有两个背包、一个帆布箱，脸色可疑。

小吴查验了他们的护照，他们来京的目的是旅游，当天早上从泰国首都曼谷出发，经过菲律宾首都马尼拉，再到我国广州，然后飞抵北京。

小吴拿着护照看了一下子，便让来客打开行李，进行仔细检查，果然在夹层中找到了毒品海洛因。你知道是什么引起了小吴的怀疑吗？

参考答案

从曼谷有直达北京的航班，没必要绕这么大的圈。纵然是旅游，也没有一天飞经这么多地方的，时光都耗在转飞机上了。虽然做长途旅行，行李却非常简单，也违背常理。

不完整的故事

在酒吧里，名侦探查尔斯遇见了一位满头金发、面貌漆黑的青年在大谈买卖经："昨天我刚从沙漠地带返回来，洗尽一身尘垢，刮去长了几个月的络腮胡子，修剪好蓬乱的头发，美美地睡了一觉。最值得荣耀的是我的化验分析，证实那片沙漠地带有个储量丰富的金矿。倘若有谁乐意对这个有利可图的项目投资的话，请到 210 号房间来，这儿不便细谈。"

查尔斯打量着他那古铜色的下巴，冷笑着说："你若想骗傻瓜的钱，最好还是再加工一下你的故事。"

这个青年在哪儿露出了漏洞？

参考答案

青年声称他刚刮去长了好几个月的络腮胡子，但他面貌漆黑，下巴展现出古铜色，要是他刚刮去胡子，下巴的颜色应该浅一些才是。

特工的敏锐回应

某国特工完成任务之后回到已经有两年没人居住的家中。

他回到家，便进了他的暗室，因为那里有他全部的特工装备。暗室里到处都是厚厚的一层灰，看来的确很长时间没有人来过了。特工把桌子上的灰抹掉，接通了电炉电源准备烧开水喝。

他正要点燃香烟时，突然使劲抽动鼻子嗅了嗅，然后警惕地说道："不好！这暗室曾有人来过，而且就在近日。尽管这个家伙很淘气，但还是疏忽了一点。"那么他是怎么断定暗室里曾有人来过的呢？

参考答案

特工接通电源以后，并没有闻到烧焦的尘土味，这个电炉显然有人用过了。来人伪造了许多尘土撒在桌面上、地上，但是忽视了电炉子。

分出谁是盗贼

有兄弟3人，他们有个共同的喜好——收藏。老大喜好收藏古董；老二喜好收藏邮票；老三喜好收藏册本。他们有一个巨大的玻璃柜，各人都把珍品放在柜中相互欣赏。这个柜的钥匙放在一个很大方的小钱箱中。有一天，老二带了一个老同学回家。准备让他欣赏自己最新收藏的一张有趣的邮票。老二当着老同学的面，从钱箱中取出钥匙开柜，拿出邮票给同学欣赏。老同学也是一位收藏家，他对那张邮票爱不释手，央求老二高价让给他。老二舍不得，老同学只得歇手。之后老二又战战兢兢地把邮票放回柜中锁好。次日，老二又想取出那张邮票欣赏时，却发现邮票已不翼而飞，而柜锁完好。于是他立刻报警，警方在现场找不到一丝线索，因为通常应该留下指纹的地方，都被抹掉了。警方推测，邮票肯定是老二的老同学偷去了。

那么，警方是根据什么推测盗贼便是老二的老同学？

知道钥匙放在哪儿的只有老大、老二、老三，以及老二的老同学。而老大、老二和老三用过钥匙以后都不必特意去抹掉指纹，只有怕暴露身份的老同学才会怕在钥匙上留下痕迹，所以才会抹掉全部的指纹。

中毒案

一天早上，某富商在别墅的车库内殒命。据法医分析，被杀害者的殒命缘由是氢氰酸气中毒。他是在车库发动汽车时，吸入有剧毒的气体致死的。

破解匪夷所思的谜案

侦探通过观察发现，当天早上并没有任何人靠近过车库，而且现场也没找到可以产生或喷出氢氰酸气的药品或容器。

观察此案的侦探注意到有一个车胎漏气，立刻看破了犯人的作案伎俩。

那么，你能推理出犯人到底利用了什么手段毒杀了被害者吗？

参考答案

犯人在前一天晚上潜入被害人的车库，在其汽车轮胎中注入高压的氢氰酸气。第二天早上，被害人准备从车库开车出去时，看到轮胎非常膨胀，因为这样行驶很有害，所以他拧松了打气孔。毒气瞬间喷出，富商吸入后致死。

这个情节在美国推理作家阿萨·波吉斯的短篇中也出现过。

被杀害的房地产商

有一位房地产商在自己的豪宅里身亡。法医鉴定他是被火药枪击中太阳穴而死的。

现场没有留下任何打架痕迹，也没有留下凶器。警察们到处搜寻凶器，但没有找到。因为凶器是观察凶杀案的有效证据，要是他杀，火药枪肯定会被藏起来；要是自尽，那火药枪应该在遗体附近，但是附近并没有火药枪。

名侦探波洛来到现场后，说："先不着急找火药枪，我有一个简略的法子可以证明被杀害者是怎么被杀害的。"说完他便亲手演示。

你知道名侦探的法子是什么呢？

名侦探将熔化的石蜡浇在被杀害者的衣袖袖口上，石蜡凝聚后将其取下。要是沾有火药的微粒则证明是自杀；如没有则是他杀。

判案的法官

有个法院开庭审理一起偷窃案件，某地的 A、B、C 三人被押上法庭。认真审理这个案件的法官是这样想的：不提供真实情况的是窃贼；与此相反，真正的偷窃犯为了粉饰恶行，是肯定会编造口供的。因此，他得出了这样的结论：说真话的肯定不是偷窃犯，说假话的肯定是偷窃犯。审判的结果也证明法官的这个想法是正确的。你能想明白这两句话之间的关系吗？

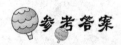参考答案

不管 A 是偷窃犯或不是偷窃犯，他都会说自己"不是偷窃犯"。

要是 A 是偷窃犯，那么 A 是说假话的，这样他肯定会说自己"不是偷窃犯"；

要是 A 不是偷窃犯，那么 A 是说真话的，这样他也肯定会说自己"不是偷窃犯"。

在这种痕迹下，B 如实地转述了 A 的话，所以 B 是说真话的，因而他不是偷窃犯。C 故意地错述了 A 的话，所以 C 是说假话的，因而 C 是偷窃犯。至于 A 是不是偷窃犯是不能确定的。

破解匪夷所思的谜案

被杀害的杰姆

在布朗神父的教区，有一位叫杰姆的农民。他爱妻早逝，自己心灰意冷，失去了生存的勇气。但是，基督教克制自尽。要是自尽，就不能和老婆在一块墓地合葬。于是他想伪装成他杀，寻找被杀害的法子。

在老婆的忌日，杰姆在院子里自尽。小型手枪藏得很奇妙。遗体左右没有凶器，会被认为是他杀。

根据现场勘查，在离杰姆遗体约 10 米的羊圈中找到了那支手枪。但是，要是杰姆是用手枪射击自己头部自尽的，就不能在枪击之后，再把手枪藏到 10 米外的羊圈里。

警察断定是他杀，使杰姆如愿以偿。但是，布朗神父一眼就看破了弄乱的原形。

"杰姆这家伙，计划诱骗我，可我不是睁眼瞎。尽管如此，我成全你的愿望，把你和老婆合葬于教会的墓地。阿门。"羊圈栅栏门并没有打开，羊不能也不会出来把枪叼进羊圈。那么，杰姆是用什么法子将手枪藏到羊圈的呢？

 参考答案

杰姆在小型手枪上连接了一条长纸条。纸条的另一端扔进羊圈，然后自尽身亡。羊喜好吃纸，纸条被一点点吃掉，手枪也随之被拉进羊圈。为了让羊把纸条吃光，杰姆一天没喂羊。

自杀还是他杀

一个夏天的晚上，某大公司董事长 D 自杀身亡，就在自己的书房里。D 的右手里握着一把手枪，头部流血，子弹就是从那里打进去的。

桌子上除放着一台电扇之外，只有一封遗书。遗书大致说的是他自杀的原因。

警官 A 对桌子上的电扇觉得有些奇怪，经过询问，才知道昨天空调出了毛病，临时从贮藏室里搬来了电扇。电扇的插头从插座里脱落出来，显然是当死者 D 从椅子上倒下时将插头碰下来。

警官 A 顺手把插头插进去，电扇立刻转起来。风吹了起来，警官突然说道：

"这是他杀！凶手把董事长杀掉后，留下遗书走掉了。"

请问警官 A 为什么这么说？

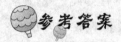

参考答案

　　破绽是桌子上的那份遗书。

　　当插上插头时，遗书就被吹走了。然而，死尸被发现时，遗书却很端正地放在桌子上。这就是说，董事长被杀死后倒在地板上，插头碰落致使电扇停止后，凶手才把遗书放在桌子上。

　　所以这是他杀案件。

囚犯与囚室

　　Ⅰ、Ⅱ、Ⅲ、Ⅳ分别代表4个囚室，请你说出被囚禁者以及他或她父亲的名字等细节。

小小提示

　　1. 国王尤里的孩子在房间Ⅰ里。

　　2. 禁闭阿弗兰国王唯一的孩子的房间，是尤里天的郡主所在房子的逆时针方向上的第一间，后者的房子在沃尔夫王子的对面。

　　3. 国王西福利亚的孩子所在房间逆时针方向上的第一间是禁闭欧高连统治者孩子的房间。

　　4. 勇敢的阿姆雷特王子，在马兰格丽亚国王的小孩所在房间逆时针方向的下一间，即美丽的吉尼斯公主所在房间顺时针方向的第一个房间。

　　5. 卡萨得公主在一位优秀王子的对面，前者的父亲统治的不是卡里得罗。卡里得罗也不是国王恩巴的统治地。

被囚禁者：阿姆雷特王子，沃尔夫王子，卡萨得公主，吉尼斯公主

国王：阿弗兰，恩巴，西福利亚，尤里

王国：卡里得罗，尤里天，马兰格丽亚，欧高连

提示：关键是先找出吉尼斯公主的对面是谁的房间。

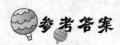

脑筋转一转

根据提示5，知道卡萨得公主在一位王子的对面，那么吉尼斯公主一定在另外一位王子的对面，后者不是阿姆雷特王子（提示4），所以一定是沃尔夫王子。从提示4中知道，按顺时针方向，他们房间分别是卡萨得公主、吉尼斯公主、阿姆雷特王子、沃尔夫王子。从提示2中知道，吉尼斯公主的父亲是尤里天的统治者，而沃尔夫王子的父亲则统治马兰格丽亚（提示4）。卡萨得公主的父亲不统治卡里得罗（提示5），所以他肯定是统治欧高连，排除其他的可能后，我们知道阿姆雷特王子的父亲必定统治卡里得罗。从提示2中知道，卡萨得公主的父亲一定是阿弗兰国王，而吉尼斯公主的父亲统治尤里天，后者必定是国王西福利亚（提示3）。卡里得罗的阿姆雷特王子的父亲不是国王恩巴（提示5），那么必定是国王尤里，沃尔夫王子的父亲就是剩下国王恩巴。最后，从提示1中知道，阿姆雷特王子的房间是Ⅰ，那么沃尔夫王子则是Ⅱ，卡萨得公主是Ⅲ，而吉尼斯公主在房间Ⅳ中。

参考答案

Ⅰ，阿姆雷特王子，国王尤里，卡里得罗。

Ⅱ，沃尔夫王子，国王恩巴，马兰格丽亚。

Ⅲ，卡萨得公主，国王阿弗兰，欧高连。

Ⅳ，吉尼斯公主，国王西福利亚，尤里天。

间谍的房间

在第二次世界大战期间，西班牙马德里的一个旅馆经常有战争双方的间谍居住；西班牙的一个便衣警官会监视着他们。以下的提示是1942 年的某天晚上旅馆第一层的房间房客分布情况，请你说出各个房间被间谍占用的情况以及他们都分别为谁工作。

小小提示

1. 加西亚先生的正对面是英国 M16 特务的房间，加西亚先生的房间号要比罗布斯先生的房间小 2。

2. 6 号房间的德国 SD 间谍不是罗佩兹。

3. 德国另一家间谍机关阿布威的间谍行动要非常小心，因为 2 号、3 号、6 号房间的人都认识他。

4. 苏联 GRU 间谍的房间号要比毛罗斯先生的房间号小 2。

5. 法国 SDECE 间谍的房间位于美国 OSS 间谍和鲁宾的房间之间，美国 OSS 间谍的房间是三者中房间号最大的。

姓名：戴兹，加西亚，罗佩兹，毛罗斯，罗布斯，鲁宾

间谍机构：阿布威，GRU，M16，OSS，SD，SDECE

提示：关键是先找出 OSS 间谍住的房间。

脑筋转一转

通过提示 2，SD 间谍在 6 号房间，从提示 5 中知道，OSS 间谍住在 5 号房间，而 SDECE 间谍在 3 号房间，鲁宾在 1 号房间。2 号房间的间

谍不可能来自阿布威（提示3），也不来自M16，而间谍加西亚不在1号房间（提示1），于是确定他是GRU的间谍。从提示4中知道，毛罗斯先生的房间是4号，罗布斯不可能在2号房间，也不可能在3号（提示1），因为加西亚不在4号房间，所以罗布斯也不可能在6号。罗布斯只能在5号房间，而加西亚在3号，M16的间谍则在4号房间（提示1）。6号房间的SD间谍不是罗布斯（提示2），所以可定时戴兹，剩下罗布斯一定是2号房间的GRU间谍，最后排除其他的可能后，我们知道阿布威的间谍是住1号房间的鲁宾。

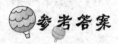

参考答案

1号房间，鲁宾，阿布威。

2号房间，罗佩兹，GRU。

3号房间，加西亚，SDECE。

4号房间，毛罗斯，M16。

5号房间，罗布斯，OSS。

6号房间，戴兹，SD。

左轮手枪7发子弹

一天，有5个歹徒手持六响左轮手枪，从富国银行枪走200万美元后向城西逃跑。银行的保安部长雷顿闻讯，跨上摩托车向目标追去。

雷顿走时忘了带手枪。保安部的凯利马上召来几名保安，开车前去救援。一阵枪声将他们引到了荒无人烟的山沟，等赶到时只见5名歹徒倒在地上已经停止了呼吸，雷顿的左臂受了伤。凯利忙从地上拾起被抢的银箱，搀扶着雷顿，胜利而归。当晚，富国银行举行庆功会，一些地

方官员和刑警队长麦斯也被邀请来了。宴会上，银行董事长举杯谢雷顿，并请他向各人介绍勇斗歹徒的故事。

雷顿面带微笑，走到台前："我追上时，他们正准备分赃。一个望风的歹徒发现了我，朝我连开两枪，其中一枪打中我的左臂。我冲上去夺过了手枪，一枪将他打死。别的 4 个歹徒一看，全向我扑来；我躲在岩石后连开 4 枪，将他们打倒在地。这时，援救的人马到了……"

话音未落，麦斯严正地走到雷顿面前说："你演的戏该收场了，你和那帮歹徒其实是一伙的！"高朋们听了，大惊忘形。

经过检察，雷顿果然是歹徒的同党。他独自去追，其实是去分赃的，后见救援的保安人员赶来，因怕暴露破绽，便打死了同党，又打伤了自个儿。

那么，麦斯队长是怎样看破骗局的？

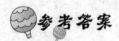参考答案

歹徒利用的是六响手枪。雷顿说歹徒向他连开两枪，他夺过枪又打死了 5 个歹徒，这样就从六响手枪打出了 7 发子弹，这便是漏洞。

破绽的壁画

考古学家维尔那教授，正艰难地行走在偏僻的山区里。他的身边，是一个皮肤黑黑的青年。他们背着沉重的东西，拉着左右的树枝野藤，手脚并用，在陡峭的山崖边，战战兢兢地往前探索。

今天早上，黑皮肤青年找到维尔那教授，神秘地说："昨天薄暮，我的一只羊走丢了，就在山上到处寻找，突然发现有一个山洞，我就走了进去。借着一点日光，看到洞壁上有许多画，但是看不明白，洞里阴

森森的，恐怖极了，我就逃了出来。听说您是研究古代壁画的专家，我可以带您去。"维尔那教授一听，马上就答应了。他恐怕别人知道以后，把功劳抢了去，就谁也没有通知，跟着青年出发了。

几天过去了，维尔那教授没有回来，黑皮肤青年却来到考古研究所，拿出一张照片说："我在一个山洞里，发现了最古老的壁画，可以卖给你们。"研究所的专家一看，只见照片上是一面山洞的石壁，上面画着古代原始人的生存场景：几只小鸟停在大树上，大树下面是飞奔的小鹿，有一群矮小的野人，正在追赶一只巨大的恐龙，另有太阳、玉轮和星星。专家问："这张照片是哪儿来的？"青年说："是一个考古学家拍的。他还说，这是最古老的壁画，很值钱的。"

专家听了，立即去报警："我们这里有一个骗子。他有可能行刺了教授！"警察赶来了，马上对黑皮肤青年进行询问，结果查明白，是黑皮肤青年杀害了教授，还想用教授拍的照片来骗钱。

专家为什么会晓得黑皮肤青年是个大骗子呢？

参考答案

恐龙绝迹几百万年以后，才有人类出现，壁画上却有原始人追杀恐龙的画面，教授看了应该知道壁画是假的，青年说这是最古老的壁画，证明青年在说谎。

阳台上的枪声

新一届奥运会就要举行了，各个运动队都在抓紧训练。住在体育公寓里的运动员们，就连星期天也不停息了，利用所有时间，争分夺秒刻苦练习。伊里杰夫是国家体操运动员，曾经连续两届拿到了奥运会体操

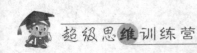

冠军。所以在这一届体操比赛中，人们都指望他能"三连冠"呢。

星期天早晨，伊里杰夫很早就起床了。他所住的公寓在六楼，有一个很大的阳台，阳台的一角放着训练器具。他来到阳台上，一会儿压压腿，一会儿弯弯腰，一会儿倒立，一会儿引体向上……对面阳台上，有个小朋友看得直喝彩，但是喝彩声刚落，"砰"地一声枪响，伊里杰夫就倒在阳台上，不动弹了。小朋友吓得蒙住了眼睛，大声喊："爸爸，爸爸，对面的叔叔被打死啦！"

麦克奎尔探长接到报案，直奔现场。他查看了遗体，发现子弹是从背后射进去、从小腹穿出来的，有一颗弹头嵌在阳台的地板上，和死者的伤口完全符合。探长挖出弹头，发现这种小口径步枪子弹，是专门用于射击比赛的。

探长又做了进一步的观察，得知在这幢公寓的二楼，住着一位射击运动员，人称"神枪手"，就对他进行询问。"神枪手"气愤地说："探长，你不应该怀疑我，因为我听说子弹是从他背面进去，下腹部出来的，凶手显然是从上面往下射击的，我在二楼是不可能命中他的啊！"

探长问了他的邻居，证明他早上确实没有出门。

那么凶手是谁呢？

麦克奎尔探长内心很快就有了答案。

从现场环境分析，你认为麦克奎尔探长会说谁是凶手呢？

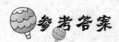参考答案

凶手便是射击运动员。他趁伊里杰夫练习倒立的机会，从二楼阳台往上射击。